U0192184

筑苑·理想家园

015

中国园林博物馆
黄亦工　张宝鑫　主编

中国建材工业出版社

图书在版编目（CIP）数据

理想家园 / 黄亦工，张宝鑫主编．-- 北京：中国建材工业出版社，2020.12
（筑苑）
ISBN 978-7-5160-3042-4

Ⅰ．①理… Ⅱ．①黄… ②张… Ⅲ．①园林艺术一中国 Ⅳ．① TU986.62

中国版本图书馆 CIP 数据核字（2020）第 174622 号

理想家园
Lixiang Jiayuan
黄亦工　张宝鑫　主编

出版发行：中国建材工业出版社
地　　址：北京市海淀区三里河路 1 号
邮政编码：100044
经　　销：全国各地新华书店
印　　刷：北京中科印刷有限公司
开　　本：710mm×1000mm　1/16
印　　张：14
字　　数：200 千字
版　　次：2020 年 12 月第 1 版
印　　次：2020 年 12 月第 1 次
定　　价：68.00 元

本社网址：www.jccbs.com，微信公众号：zgjcgycbs

以心築苑 人作天开

築苑叢書雅存

丁酉端午

孟兆禎

丁酉仲夏

文以載道
傳承創新

謝辰生題
時年九十又六

谢辰生先生题字

国家文物局顾问

筑苑 · 理想家园

投稿邮箱：zhangqu@jccbs.com.cn

联系电话：010-88376510

传　　真：010-68343948

筑苑微信公众号

目 录

1 非物质文化遗产视野下古典园林保护与研究

刘耀忠

古典园林是中国传统艺术的重要代表，展现了优秀传统文化的内涵和特色，经过几千年的发展演变，形成了“虽由人作，宛自天开”的艺术特征和艺术境界。无论是大气恢宏的皇家园林、简约雅致的私家园林，还是庄严肃穆的寺观园林，都以其精湛的造园技艺和丰富的文化内涵成为东方文明的有力象征，留存至今的园林实体作为重要的文物保护单位，成为全人类的共同文化遗产。古典园林兼具物质属性和非物质文化属性，是古人孜孜以求的理想家园，造园者以多样化的物质形式营造了可居、可游、可赏的诗意栖居场所，园中的一砖一瓦、一草一木无不蕴含积淀深厚的非物质文化内容，体现了中华民族特有的精神价值、思维方式和文化意识。虽然众多的历史名园实体淹没在岁月的长河中，但园林的非物质文化属性和内容却使得这种文化艺术形态得以流传。

当前古典园林的保护中，管理侧重于物质层面的复原和修缮，相关研究和实践也相对较多，但在非物质文化遗产领域专门的研究相对较少，呈现出碎片化的趋势，影响着古典园林的整体保护效果，而研究古典园林如何在现代社会更好地保护和传承发展，已成为一个社会问题。因此，在当前国内外探索非物质文化遗产活态保护研究的热潮下，基于非物质文化遗产保护相关理论，进一步研究古典园林中积淀的民族文化精髓，传承古典园林对非物质文化继承与创新运用的思想观念，探求一条适合中国古典园林在全球化进程中保持民族特色和中国特色的前进道路，无疑具有重要的现实意义。

1.1　非物质文化遗产保护及相关理论

1.1.1　非物质文化遗产的含义与特征

1.1.1.1　基本概念

在漫长的岁月中，世界人民创造了丰富多彩、弥足珍贵的文化遗产，这些遗产包括物质文化遗产和非物质文化遗产。物质文化遗产是具有历史、艺术和科学价值的文物，包括古遗址、古墓葬、古建筑、石窟、石刻、壁画、近代现代重要史迹及代表性建筑等不可移动文物，历史上各时代的重要实物、艺术品、文献资料等可移动文物，以及具有突出普遍价值的历史文化名城（街区、村镇）。非物质文化遗产是指各族人民世代相传并视为其文化遗产组成部分的各种传统文化表现形式，以及与传统文化表现形式相关的实物和场所，包括传统口头文学以及作为其载体的语言，传统美术、书法、音乐、舞蹈、戏剧、曲艺和杂技，传统技艺、医药和历法，传统礼仪、节庆等民俗，传统体育和游艺，以及其他非物质文化遗产，也包括与上述传统文化表现形式相关的文化空间。国际上通用的非物质文化遗产概念则是指被各社区、群体，有时是个人，视为其文化遗产组成部分的各种社会实践、观念表述、表现形式、知识、技能以及相关的工具、实物、手工艺品和文化场所。

作为文化遗产的两种类别，物质文化遗产与非物质文化遗产既有区别，又有联系，它们都是人类共同继承的文化财产，共同承载着人类社会的文明，都具有历史、科学、艺术等方面突出的普遍价值，具有容易消失不可替代、不可再生的特性，是世界文化多样性的体现。非物质文化遗产必须以一定的传承物为载体，如京剧入选了非物质文

化遗产名录，但在京剧艺术传承中也离不开戏台、演员、剧本、道具等物质形态的内容，正是通过这些物质内容得以持续流传。另外，在人类活动中物质文化遗产在生成和发展过程中必然伴随着相应的非物质文化遗产产生，各种文物实物离不开制作技艺、文化内涵等方面的非物质文化属性，在社会发展变迁过程中，如果某项文化遗产的“物质性”消失了，其“非物质性”的文化遗产也能够以另一种方式继续维护其相应的文化空间，传承这一文化遗产。

1.1.1.2 主要特征

非物质文化遗产具有社会性。非物质文化遗产被各个民族传承，且将其视作文化遗产的重要组成成分，因此与民族特殊的生产、社会生活方式息息相关，因此在非物质文化遗产的保护和传承中离不开社会的因素，其中人能够发挥的作用至关重要。

非物质文化遗产具有传承性。非物质文化遗产是人类的特殊遗产，具有被人类社会以集体、群体或个体形式一代接一代继承发展的性质。正是通过身口相传等传承方式，非物质文化遗产自身的文化链才得以延续。

非物质文化遗产具有活态性。非物质文化遗产是不断变化的，民族个性以及民族的审美习惯中的“活”通过人的活动淋漓尽致地体现出来，人们通过自身的手工艺制作技艺、声音、形象等表达烘托非物质文化遗产内容，也借此得以活态传承。

非物质文化遗产具有无形性。物质性决定了物质文化的有形性，非物质文化遗产则是变动的、抽象的，往往依赖于人们的观念和精神而存在，具有无形性的典型特征，但非物质文化遗产并不排斥其存在和传承的有形性。

非物质文化遗产具有多元性。不同的非物质文化遗产具有不同的形态，呈现不同的表现形式。因人类群体的不同，非物质文化遗产具有多样化的种类，同一种非物质文化遗产在不同时期和不同地域范围内也不尽相同。

1.1.2 非物质文化遗产保护相关理论

1.1.2.1 基本定义

1987年联合国教科文组织明确将非物质文化遗产列为保护对象。《保护非物质文化遗产公约》将“保护”一词定义为“指采取措施，确保非物质文化遗产的生命力，包括这种遗产各个方面的确认、立档、研究、保存、保护、宣传、弘扬、传承”，非物质文化遗产保护的基本定义为“确保非物质文化遗产能够在危机中免受或者少受伤害，得以良好地传承与发展”。这种保护在本质上将非物质文化遗产视为具有生命力的存在，强调对非物质文化遗产内在的生命力进行维护与强化，以提高非物质文化遗产的“可持续发展”能力。

1.1.2.2 基本原则

一般来说，非物质文化遗产保护的基本原则主要包括以下四个方面：

第一，生命原则。非物质文化遗产是一种人类特殊的精神创造，是一种具有生命的文化存在。在对非物质文化遗产进行保护的过程中，必须基于生命原则，切实保证并不断增强非物质文化遗产自身的生命力，使其活态保护与传承。

第二，创新原则。创新原则是生命原则的必然延伸，作为一种生命存在非物质文化遗产处在不断发展过程中，与社会、自然等互动，便会出现变异和创新，不断创新才能更好地发展。就非物质文化遗产保护的本质而言，保护与激发其创新能力，是保护的关键所在。

第三，整体保护原则。整体保护原则主要包括生态整体性与文化整体性。前者要求在保护非物质文化遗产时，将其本身连带着与其生命休戚与共的生态环境共同保护，而后者则意味着一个由悠久的历史民族所创造出来的非物质文化，与物质文化一样属于同源共生的文化共同体。因此，非物质文化遗产保护必须遵守整体保护原则。

第四，以人为本原则。非物质文化遗产保护中的以人为本原则可以从两个角度进行理解：一是非物质文化遗产的保护必须满足人类的

现实需求，服务于人类社会持续发展的要求；二是在保护的过程中，必须坚信人是非物质文化遗产保护中必不可少也是无法替代的能动主体，充分相信并激发人类在守护民族文化时的智慧与使命感、责任感。

1.1.2.3 “生态博物馆”理念

1971 年，“生态博物馆”的概念由法国人弗朗索瓦·于贝尔和乔治·亨利·里维埃提出。他们认为文化遗产应在其相对集中的特定社区及环境之中进行保护，即文化遗产应该原状地保护和保存在其所属社区或环境之中。在这一理念的指导下，生态博物馆保护的不是某栋建筑、某类文化事项，而是涵盖了一个区域的全部文化遗产，包括物质文化遗产和非物质文化遗产，进而保护创造并传承区域历史文化的人们的生活。生态博物馆的理念与生态环境保护意识相契合，强调了文化遗产原地和原住民对文化遗产拥有的权力，倡导可持续发展的要求，逐渐成为一种有效的保护文化生态的方式并在各国广泛运用。

1.2　传统园林与非物质文化的相互关系

1.2.1　传统园林中的非物质文化遗产

古典园林是中国传统文化中不可替代的组成部分，是最具生命力的文化形态。伴随着社会文化的发展及人们对理想家园的追求而逐步成熟，园林成为可游、可赏、可居，体现人格追求和精神世界的场所，成为社会文化价值彰显的重要载体。作为非物质文化的有形载体，古典园林在其发展过程中不断地从这种口头的、无形的文化形式中汲取养分，促进自身的发展，在流变中创新。同时，优秀的非物质文化也借古典园林的发展而被传播和发扬。古典园林作为整体的文化遗产，其物质文化遗产与非物质文化遗产之间相互印证。

1.2.1.1　园林要素及其技艺

园林建筑是建造在园林中和城市绿化地段内供人们游憩或观赏用的建筑物，一般追求整体效果以及与其他要素的搭配，在细微之处亦尽雕琢装饰之能事。建筑所围合的园林空间中复道回廊、花窗雕饰等，无不体现出工巧精致，营造技艺以师徒之间言传身教的方式世代相传。

叠石掇山孕育于积淀深厚的传统文化之中，经历了由聚土为山到垒石为山、由模仿真山到以假为真、由粗放摆设到讲究章法，中国园林“虽由人作，宛自天开”的艺术境界，离不开山石景色的主题，叠石掇山的技艺及其传承成为重要的园林文化遗产。

插花是以花枝为材料的一种生活艺术。插花艺术在漫长的发展过程中，受到儒、释、道等哲学思想及中国绘画、文学、造园、民俗等的影响，善于用线条造型和不对称构图营造诗情画意的境界，充分表现出中华文化的民族特色和传统中国人的审美意识，也成为民众寄情花木、以花传情、借花明志、装点生活的重要载体（图1）。

图1　插花作品

盆景是指通过艺术加工与精心培养，在盆钵之中利用植物、奇石等创作出浓缩自然美景的一种陈设品，形成源于自然的形象美而高于自然的意境美，别具审美意蕴。艺术特征上采用“缩龙成寸，小中见大”的艺术手法，既是园林中的重要观赏内容又成为独立的艺术形式（图2）。

图2　盆景作品

在园林殿堂厅馆的陈设与装饰中，无论是私家园林、皇家园林，还是寺观园林，室内外多有一些造型精美的陈设品，尤其是皇家园林中包括玉雕、牙雕、景泰蓝等在内的精美陈设物品，精巧的工艺体现了宫廷文化特色（图3)，这些独特的艺术品以其传承有序的精湛技艺，成为各自领域内重要的非物质文化遗产。古典园林中还有石雕、木雕和砖雕等雕刻技艺等也是重要的非物质文化遗产。

图3　“燕京八绝”工艺品

1.2.1.2 文学内容

中国传统思想的重要流派是不同时期园林创作、造园实践的理论基础。儒家、道家及后来传入的佛教等传统哲学思想对皇家园林、私家园林和寺观园林等都产生过重要影响。君子比德于自然景物是中国园林的文化价值取向，“与民同乐”“达则兼济天下，穷则独善其身”等思想影响了中国园林的造园风格和文化内涵，也以不同形式反映在中国古典园林中。

神仙思想也是影响古典园林的重要因素，神话传说中所表现的浪漫主义、社会教化作用等都影响着古典园林的思想意境、建筑风格、营造法式等造园关键，主要有代表山的昆仑山神话，神话故事题材的景观内容在园林中很早就已出现，如西王母及其他神话故事。还有代表海的蓬莱神话，最典型的是古典园林中“一池三山”的布局范式。

古典园林是历代诗人吟咏的对象，不仅大量文人墨客参与造园，很多园主还撰文或请著名文人代笔，专门描写该园的历史沿革、营建过程、景观命名的由来、艺术特色等，形成园记这种文学体裁，留下众多优美的诗词歌赋等文学作品，使古典园林富于诗情画意。许多描写园林景观的作品亦成为传统文学经典名篇，并通过碑碣、楹联匾额、书条石等形式保存在园林中。中国古典文学名著中有很多都涉及园林内容的作品。

古典园林中还有因文学内容而生发的文化景观，如知鱼、濠濮主题的文化景观，典故出自《庄子》，如圆明园的濠濮间想、无锡寄畅园的知鱼槛（图 4）。曲水流觞也是重要的文化景观，伴随着文人雅集和文学创作活动，在历代园林中都有出现，如承德避暑山庄的曲水荷香，恭王府萃锦园（图 5）、潭柘寺等地的流杯亭，成为凸显园林文化内涵的重要内容。

1.2.1.3 园林中文化活动空间

古典园林可居、可游、可赏，园居生活是园林文化的重要组成部分，是人们追求的理想家园在现实生活中的具体体现。不同地区、不同民族创作出了风格迥异的园林，形成了丰富多彩的人居文化。古人

通过寄情山水，追求与大自然的和谐，享受山水之趣，使之成为精神生活的重要内容。在此基础上，以师法自然为理念，创造出了充满诗情画意的文人园林。

图4 无锡寄畅园知鱼槛

图5 恭王府萃锦园流杯亭

古典园林除供居住、游赏之外，还有一项重要的功能，就是为名人雅士吟咏聚会提供场地。古代的文人在园林环境中雅集，以文会友，成为流传千古的佳话，园林也由此成为生活中的重要文化空间（图 6）。

古典园林与戏曲有着千丝万缕的联系。自唐朝起，“梨园”就成为歌舞教习场所的代名词，园林之中设置戏班，培养梨园子弟的习俗一直延续至清代，无论是皇家园林还是私家园林都有戏台设置（图 7、图 8），园景和曲情互为映衬，珠联璧合。此外，造园者还有意识地将自然界的声音引入到园林中，园林也成为音乐创作的源泉和表演的舞台，文人雅士留下许多名曲佳作。

图 6　古人雅集绘画作品（宋人画西园雅集图）

图 7　扬州何园水心亭

图 8 颐和园德和园大戏楼

中国传统书画对古典园林美学思想及艺术表现手法产生过深远影响。中国山水画论、书法艺术等都曾对造园理论和手法的发展起着重要作用。中国园林的布局遵循了山水画论的构图原则，被喻为“立体的画”，成为中国传统书画创作的重要源泉。

1.2.2 中国园林艺术的非物质文化属性

1.2.2.1 古典园林为非物质文化作品提供场景

古典园林追求如诗、如画的意境，有许多园林景观本身就是一幅美丽的图画。许多丹青妙手将园林中的景色转化为笔下的作品，而文人也用诗词记录下园林中美好的一瞬间。景以文传，这些绘画作品、文学佳句流传久远，也提高了园林的知名度。

园林还常常作为古代文学作品中的场景，为主人公的活动提供场地和空间。古典小说中故事情节以园林为背景者更是不胜枚举，如以《红楼梦》为代表的文学作品成为园林文学与园居生活相互影响的生动体现。“不到园林怎知春色如许”，昆曲《牡丹亭》则以园林为名，其中的每个场景都是一处美妙的园林景色。

1.2.2.2 古典园林为非物质文化提供存在和发展空间

非物质文化作为一种无形的文化遗产，只能依附于某一种实体来传承和发展，需要一定的存在和发展空间。非物质文化在影响古典园林的同时，也受到园林的影响，并随之改变、发展。伴随着园林的发展，非物质文化在园林建筑、植物、山石等物质实体中的应用日渐广泛，这种无形的文化以有形的表达方式随园林的发展而发展。

许多非物质文化的生成正是因为园林建设的需要，如雕刻和彩画技艺是造园家丰富园林内容、美化建筑外观的重要手段，盆景和插花艺术的发展，也正是顺应了园林生成和发展的需要。古典园林为这些非物质文化提供了很好的生存和发展空间，正是因为古典园林发展和演化的需要，这些传统技艺得以发扬光大，从而在各自领域形成了不可替代的文化和艺术特色。因此，园林为非物质文化遗产活态保护的良好空间。

1.3 基于非物质文化理论的传统园林保护策略

1.3.1 非遗角度看待古典园林保护

1.3.1.1 现状与问题

现存的古典园林作为有形的实体遗存具有物质属性，作为古代造园技艺载体又具有非物质文化遗产的属性，作为人居活动的理想场所，其物质文化属性和非物质文化属性并不能完全地割裂开来。从这一角度看，在当前古典园林的保护中存在一些现实问题。

首先是古典园林保护中管理者在非物质文化遗产角度方面的思考不够，思想上不够重视，造成对物质文化遗产和非物质文化遗产的相互关系理解不到位，也造成相关保护内容缺失或不够系统，影响了综合保护工作的开展。

其次是行动上采取措施不得力。由于物质文化遗产和非物质文化

遗产隶属于不同的管理部门，在实施综合管理方面存在诸多难题和制约因素，文保单位在物质内容方面的保护工作相对较好，但是在非物质文化遗产的保护方面存在滞后、不够全面等问题。

最后是基于非物质文化遗产角度的保护研究相对滞后，且相关工作开展的创新性不够，多是常规的保护措施，或是非物质文化遗产多进行简单展示，并没有融为一体进行研究，或围绕古典园林中的非物质文化内容开展创新性的研究工作。

1.3.1.2 保护难度分析

首先是文化空间的矛盾与特殊表达。古典园林作为独具特色的文化空间，传承与创新方面存在显著的矛盾，古典园林的使用者原先主要是园主人，而在现代大多数园林变成了公园，大量的游客成为园林的使用者和观赏者，如何正确引导欣赏园林、体验园林之美成为重点要解决的问题。

其次是整体性保护的问题。古典园林中的非物质文化内容很多，盆景、叠石等许多景观内容现在都成为自成体系的非物质文化遗产，而园林在很多情况下被当作是一种综合性艺术，如何正确理解园林的文化内容，将分散性保护转变成整体性保护是工作的难点。

最后是申报非物质文化遗产设想与难度。中国园林艺术具有重要的历史、艺术和科学价值，能体现中华民族文化创造力的典型性和代表性，且与人们的生活息息相关，以不同的风格流派世代传承并活态存在，符合申报国家级非物质文化遗产代表作的条件，但在申遗过程中存在很多问题需要进行系统梳理，比如传承人的问题、传承谱系的问题，这些都需要进行研究，加强不同地域园林单位的合作。

1.3.2 保护策略

1.3.2.1 活态保护

非物质文化遗产的传播是一种动态的、活态的传播，主要以人为载体，以口传心授的方式进行代际传承。活态遗产的概念强调关注文化遗产的动态发展，强调文化遗产的动态保护与传承，强调可持续发展的观念，并注重不同保护主体的作用。作为一种活态文化，除了收集整理、保存、保护物质性的载体之外，对表现优秀的非物质文化遗产技艺的人的保护，成为非物质文化遗产保护的主要问题之一。在当前国内外探索非物质文化遗产活态保护研究的热潮下，可居、可游、可赏园林与人的生活密切相关，因此更应该从活态角度进行研究和保护。

1.3.2.2　整体保护

园林不仅是物质的，还包括精神层面的相关内容，单就造园技艺层面来说就包括造园理法、技法等，古代园林还承载了诗意栖居、游憩观赏、文化活动等诸多功能，因此从非物质文化遗产角度出发，要努力创造条件为中国园林艺术申报非物质文化遗产。在传统园林的保护中应研究并实施“生态博物馆”理念，不仅构建包含物质文化遗产和非物质文化遗产在内的文化遗产价值体系，还要保护文化遗产和相关的生态环境。

1.3.2.3　文化空间重构

《非物质文化遗产概论》中对“文化空间”的定义为“定期举行传统文化活动或集中展现传统文化表现形式的场所，兼具空间性和时间性”。园林作为一种独特的文化空间，在其形成和发展的过程中，容纳和荟萃了不同地区的文化和艺术特色，因此在保护工作中应解决参观游览和保护的矛盾问题，基于文化空间角度重新思考发展定位、重构文化空间，并不断探寻文化对园林空间布局的影响。

1.3.2.4　数字化研究

数字化技术作为科技文明进步的必然结果，引入古典园林保护中不仅有助于提高文化遗产管理的科学与效率，增强文化遗产的视觉性和安全性，同时也能为广大群众提供更好的视觉感受，满足其文化需求。数字化技术运用到非物质文化遗产的保护中，可以直接性地为非物质文化遗产保护提供最为坚实的技术保障。

1.3.2.5 创新传播手段

实施中国园林艺术的更好保护需要公众提高对此的认识和了解，可利用节日活动、展览、观摩、培训、专业性研讨等形式，充分利用现代新技术，通过大众传媒和互联网的宣传，加深公众对该项文化遗产的了解和认识，促进社会共享。从非物质文化遗产角度还要采取切实可行的具体措施，保证该项非物质文化遗产及其智力成果得到保存、传承和发展，保护该项遗产的传承人（团体）对其世代相传的文化表现形式和文化空间所享有的权益。

1.4 结语

中国园林是中国传统文化的重要组成部分，也是社会文化发展的重要载体。在历史的发展过程中，非物质文化将其无形的内涵融入古典园林的有形实体中。非物质文化与古典园林相辅相成、互相影响，都深刻体现了中国传统文化的精髓，形成人们生活密切相关的境界。正是因为这些无形的非物质文化，中国古典园林形成了独特风格，在世界园林体系中独树一帜。作为非物质文化的有形载体，中国古典园林也从这种口头的、无形的文化形式中汲取养分，促进自身的发展，在流变中创新。此外，古典园林也为物质文化提供了广阔的发展空间，促进了非物质文化的完善和进步，优秀的非物质文化也借园林的发展而被发扬光大。因此，基于非物质文化遗产及相关理论，古典园林应该加强整体保护，积极地将中国园林艺术总体申报非物质文化遗产，增强全社会的共同认识，更好地弘扬中华优秀传统文化，增强民族文化自信。

参考文献

[1] 高晓芳 . 论中国物质文化遗产传播的必要性及紧迫性学习与探索 [J]. 学习与探索，2013（10）：148-150.

[2] 薛茜元 . 非物质文化遗产视野下的民俗特色小镇景观设计研究 [D]. 西安：西安建筑科技大学，2018.

[3] 巴莫曲布嫫，张玲．联合国教科文组织：保护非物质文化遗产伦理原则 [J]. 民族文学研究，2016（3）：5-6.

[4] 余青，吴必虎．生态博物馆：一种民族文化持续旅游发展模式 [J]. 人文地理，2001（6）：40-43.

[5] 吴菱蓉．非物质文化在中国古典园林中的积淀 [D]. 南京：南京林业大学，2009.

[6] 王文章．非物质文化遗产概论 [M]. 北京：教育科学出版社，2013.

2 中国古典园林溯源

黄亦工

中国古典园林作为一种艺术形式并不是凭空产生的，而是与社会发展密切相关的。当前有些研究涉及园林的起源问题，但对于园林的早期形态并未达成一致的意见。通过文献资料的梳理和相关研究成果的整合，探讨中国园林出现的必然性及其思想根源，可以为厘清中国园林的发展脉络奠定重要基础。

2.1 关于园林的源头

一般认为，园林的出现要比建筑艺术稍晚。英国哲学家培根在《论造园》一文中说，“文明人类是先建造美宅，营园较迟，可见造园艺术比建筑更高一筹”。建筑艺术的诞生走过了从以实用为主到注重审美的漫长道路，是为满足人们居住目的而出现的，作为更高一级住居方式的园林艺术，其源头并非单一源头。通观历史发展过程，可以说中国园林形成与演进同人类社会发展相谐相生，其源头可追溯到原始先民学会农耕、建立村落定居之时，原始人在村落宅旁植树绿化、畋猎和祭祀游娱是园林产生的重要源头，古代城市的形成和发展为园林生成奠定了重要基础。

人类学会耕作是具有伟大历史意义的事件，而园林的起源也可以追溯到原始先民学会农耕，开始有计划地进行原始种植，并建立村落定居下来之后。园林作为某种实用性的艺术，与人类用自己的双手改造周边环境、使之更有利于其生产生活有直接联系，这种以改造环境为目的的园林活动（虽然此时并不称之为园林或园林雏形）便是在原始村落的宅旁屋后以及公共活动场地上的植树绿化。发展农耕以后的生产和生活局部地改变了周围环境，在人类聚居地的周围，森林或植被的破坏非常大，建筑房屋需要很多的木材，破坏的森林或树木植被更多，因此居住地附近的生态环境会变得更加恶劣。由于人类交往等活动的开展，很多活动需要在室外进行，如制陶、纺织、磨制工具等以及部落集会巫祝活动等，而住宅棚屋一般缺少高大林木的遮掩，这时理想的追求便是拥有一个冬春防风沙、夏秋避烈日的户外活动环境，这就促使了原始先民应用自己已经获得的农业知识，主要是种植方面的知识，在村落的公共空间以及宅旁屋后植树绿化，进行绿化为主的改造环境活动。早期园林活动的另外一种形式是先民在自己住宅旁开辟的种植瓜果蔬菜的小块园地。瓜菜是先民们生活的必需品，对它们的培育种植也是农耕活动的一部分，它们更是直接同生产联系起来，而且最重要的是在住宅旁进行种植，可以很方便地实施采集活动。这两种园林活动的综合和发展，可以说就是园林艺术的早期形式——宅旁村旁的园圃绿地。

园林的另一个源头是畋猎，意思就是打猎，也写作“田猎”，其与原始先民们为了生存下去而不得不进行的狩猎获取食物有所不同，它主要是在阶级产生以后奴隶主为了娱乐而进行的骑射打猎，具有一定的游戏性质。打猎在从前作为生存手段是必需的，是真正地跟野兽搏斗，后来则演变成为一种非必需且较为奢侈的事情，一般是帝王或贵族才拥有的权利。社会分工和阶级的产生使得占有大量奴隶的统治者有条件去再现已成为“奢侈事情”的畋猎生活，某种程度上说是他们对过去生活方式的一种怀念情结，其实施过程容易得到心理上的满足，正如老子《道德经》中所说“驰骋畋猎，令人心发狂”。野兽禽鸟存在于自然界之中，实施畋猎活动的贵族往往在自然山水环境中划出一定区域作为游戏打猎之地。根据对殷商甲骨卜辞的相关研究，甲骨片中多次出现“囿”“田猎”等文字，所记述事情有很多是与打猎有关，如郭沫若《殷契粹编》中第959片所卜的内容就是关于狩猎中

追逐麋鹿的，而这种事情“日日卜之”，可以看出商代诸王打猎的兴趣非常浓厚，司马迁《史记》中记载商纣王“材力过人，手格猛兽”，就是以狩猎之勇作为其主要特征，畋猎苑囿的产生就与这种打猎活动有密切的关系。周代统治者在灭商战争中以商纣王“不闻小人之劳，惟耽乐之从”而导致灭国的教训为鉴，“不敢盘于游田”（《周书·伊训》），不进行大规模的打猎活动，但周文王还是拥有方圆七十里的囿，即《诗经·大雅》中所谓的灵囿，其中景色自然朴素，内容简单粗放，有麀鹿和白鸟等各种野兽禽鸟，与后世以山水风景游赏为主的苑囿不太一样。从人类审美观的发展来看，畋猎场所包含着无限生机和美丽景色，有待于拥有者在狩猎之余去欣赏，将这些看起来很美好的林木草地、野兽飞鸟等作为一种自身占有的财富而存在，畋猎者从中可以获得一种心理上的满足，从危机四伏的纯自然环境中狩猎到在这种半可控自然环境中从容开展狩猎活动，这种改变为审美情感的产生以至于早期的苑囿产生奠定了重要思想和物质基础。

上古时代的人进行祭祀和游娱是日常生活中的重要活动。风调雨顺是原始农业生产的首要条件，求雨禳灾、祈祷丰年、部族首领更迭以及其他重大事件都需要进行祭祀活动，而这些祭祀往往又与他们的生产方式直接有关：农业相关的祭祀活动往往在田间地头进行，献上自己生产的各种农作物，而以狩猎放牧为主的祭祀活动常在猎场牧场举行，献上渔猎所获的珍禽异兽。祭祀活动的开展使一些特定的生产场所加入了某种精神崇拜的意味，随着社会的发展又加入了群众性欢娱庆贺的成分。殷商时代人们对祖先、鬼神非常虔诚，祭祀时几乎事无巨细地都要汇报，以庄严肃穆为主。但周取代殷商之后关于祭祀的习俗发生了较大的变化，通常在庄严肃穆的祭典之后还有隆重的宴乐仪式，使之充满了欢娱的气氛。殷周时代转换之际对待鬼神态度的转变，也促使祭祀性质发生变化，渐渐地变愉悦神灵为愉悦自身，原先的祝辞、舞乐朝着文学、戏曲的方向演变，原来的充满自然气息的苑囿等祭祀场所也逐步转变成了游乐场所，苑囿也由单纯的打猎娱乐朝着综合的“望气祲、察灾祥、时游观”方向发展。周初天子在苑囿中田猎开始以“礼”的形式予以规定，其目的是“祭祀，待宾客，充君庖厨”。为了满足祭祀目的，帝王的苑囿中建置了台榭等建筑形式，其主要作用是通神明和与天对话、望气祲、查符瑞及候灾变，台“堆土四方而高”，可以登高远眺观赏风景，高台的登高观赏的游赏功能逐渐显现出来，而且本身又成为苑囿中很重要的景致。春秋战国时期，礼崩乐坏，世俗的享受逸乐更为普遍，不仅昔日允许天子举行的祭典被诸侯潜用，而且以往娱神的仪式在民间常演变成自身的娱乐。诸侯大兴苑囿之风，“高台榭，美宫室”成为一种时尚，壮丽的台观结合绿化种植而形成以它为中心的空间环境，因此促进了早期园林的形成和发展。民间也常常进行祭祀活动，这种祭祀活动开始与住宅绿化相互结合。此外，那些周围有山有水、风景秀丽的祭祀场所，除了专为祭祀仪式所营建的建筑外，与其周围的园林环境在一起，成为人们聚集游乐的理想地点，人们在优美的环境中游玩赏景的兴趣逐渐提高，这在一定程度上可视为古代公共游娱园林的雏形。

从留存的文物或文字角度分析，“囿”“台”和“园圃”是园林的原始形态。“囿”“圃”的文字在甲骨文中就已经出现，“囿”的甲骨文写法（图 1）显然就是成行成畦的栽植树木果蔬的象形。可以设想，群兽奔突于林间，众鸟飞翔于树梢、嬉戏于水面，宛若大自然生态之景观。囿的建造与帝王的狩猎活动有着直接的关系，还具有一定的游、观等功能，囿内豢养野兽禽鸟，由囿人专司管理。《周礼》记载“刖人使守囿”，即让受到刖刑的犯人去看管苑囿的大门（图 2）。《尔雅·释宫》解释“四方而高曰台”，台的原始功能是登高以观天象，通神明，是反映君权天授、与天对话的重要场所，至周代，台的游观功能逐渐上升，可登高远眺，也可以观赏风景。《说文解字》是这样解释园和圃的：“种菜曰圃；园，所以树木也。”“圃”的甲骨文写法（图 1）从字的象形上看，下半部为场地的整齐分畦，上半部像是出土的幼苗，从形象上看明显就是人工栽植植物的场地，并以界线的形式表示范围和内容。从考古研究成果来看，殷商、两周时代已有园圃的经营，园圃内所栽培的植物一旦兼做观赏的目的，便会朝植物配置的有序化方向发展，为园林的产生奠定了重要的物质基础。

图 1 “囿”“圃”的甲骨文写法

图 2 西周 青铜器 刖人守囿车（山西博物院藏）

综合现存的考古遗址来看，能够大概梳理出园林诞生前的发展脉络，其中良渚古城遗址作为实证中华五千年文明史的圣地，其形式和布局以及相关技术等与园林的产生有某种程度的联系。先民在水网密集的沼泽地，依托两个自然山体堆筑了城墙，营建了高大土台，用聪明才智和辛勤劳动营造了适合人类住居的栖息环境。良渚古城遗址相关城墙、水利、人工土墩、植物栽培技术、建筑等要素，恰恰对应了叠山、理水、种植和建筑等园林要素，可以说与造园的技术条件具有相通之处。

总之，园林的产生与人类生产生活和选择理想居住场所密切相关，从穴居、半地下居室、干栏式住宅等形式，到后来的住宅建筑，由聚落到城市，古人不断选择适合生活的居住方式。先民们狩猎、采摘等活动，加深了对自然要素的认识和欣赏，也促进了早期园林的形成。

2.2 自然观及审美观念萌芽

除了物质层面的因素之外，园林的产生同人与自然的认识关系密切。人类来自自然，而又离不开自然，人类社会的发展就是人们对自然认识和改造逐步演进的过程。

原始社会时期，因为生产力水平低下，人们被动地依靠大自然获取生活资料，对未知的自然界充满着恐惧和敬畏，常常将一些无法解释的事物和现象进行神灵化并加以崇拜，这就形成了早期的自然崇拜。在自然崇拜等观念和意识的影响下，人们会利用各种可能的手段去模仿或拟造自然界中人们所崇拜的事物，比如山岳以其巨大的形体、重量和强烈的线条感等彰显着一种不可抗拒的力量，能行云作雨犹如神灵，世界上很多民族都进行过不同程度的山岳拟造，比如古埃及的金字塔、古代中国的台等其实都是古人对山岳崇拜的直观表现。同样的自然要素还有水，水被古人认为是生命延续的基本条件，在古人心中水也是具有灵性的，被作为神圣的象征，很多民族的创世神话都与水有关系。水是生命之源，人们的生活离不开水，古人一般都是依水而居，具有宗教性质的大型活动也多在水边进行。随着社会的发展，这些水边的活动被赋予了更多的含义而得以传承，对后来的园林艺术产生了重大的影响。由此，人们在选择和营造理想居所的时候往往注重山水的布局，形成了自然风景模式。从人类社会发展的脉络来看，中国传统自然审美观的发展历程，大致可以概括为：敬畏自然—娱神—娱人—隐逸—利用自然—改造自然—在有限空间内追求精神自由。每一个新的时期都对前一阶段的自然审美意识进行一定程度的继承，并创造出了特有的审美特色，这些内容对风景式园林孕育产生了重大影响。先秦时期，狩猎中的动物和原始农耕时期的植物，作为美的装饰纹样出现在黑陶文化和彩陶文化的陶器中，其后住所和祭祀等环境中动植物造型的器物大量出现。西周时期把大自然环境作为整体的生态美来认识的文字记载出现，人们开始把自然风景作为品赏、游观的对象，重视保护山林川泽，正是这种对自然的认识影响了早期中国古典园林的自然观。先民都是依靠自然界最原始的农业维持自身的生活，

因此他们对自然有着很强的依赖性，对自然界很崇拜，认为应该顺应自然，而不能去征服或者改造自然，这也是中国传统园林向往自然美的原因之一。在两周时期，人们逐渐将自然审美和人格完善联系起来。

2.3 思想层面的促进因素

在中国园林生成期，影响着风景园林向着风景式发展的因素与早期的三个主要意识形态方面的天人合一思想、君子比德思想和神仙思想具有重要关系。

天人合一思想是中国古代哲学的总纲，深刻地影响着古人的自然观，这就是说既要利用大自然，又要尊重和保护大自然。“法天象地”“天人合一”等观念常常用于比拟天象，在早期都城规划和苑林建设中大量使用；古代星象学家以观测天上星象三垣（紫微垣、太微垣、天市垣）、二十八宿等映射人间吉凶祸福。其中与都城、园苑等规划联系紧密的有紫微垣、太微垣等（图 3）。这些观念深刻影响着都城和宫苑的建设。

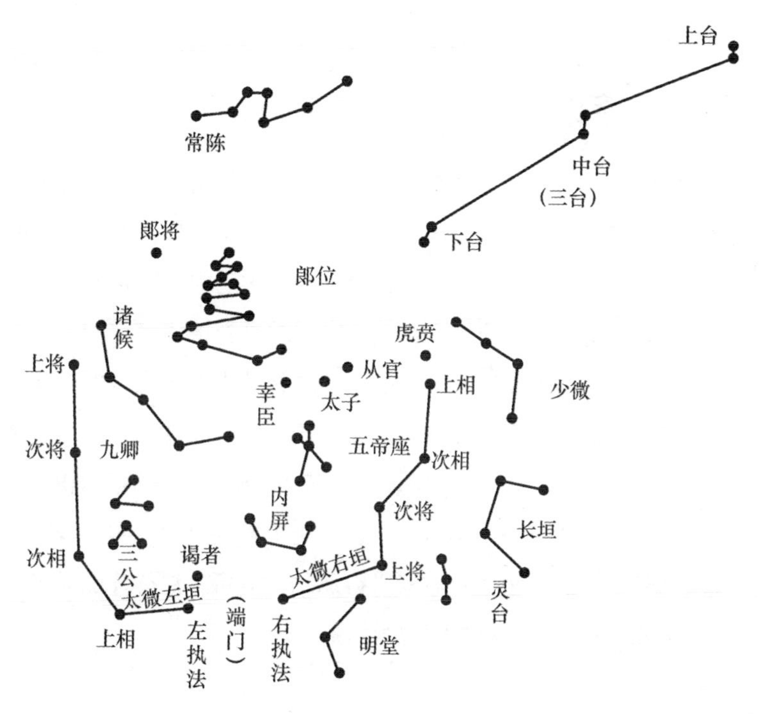

图 3　太微垣图

导源于先秦儒家的君子比德山水观，体现在思想层面就是用山水来比喻品德，把大自然山水人格化，成为君子品德的寄托。把大自然的某些外在形态、属性与人的内在品德联系起来，必然会导致人们对山水的尊重，正如《论语·雍也》“知者乐水，仁者乐山”、董仲舒《春秋繁露·山川颂》“山则巃嵸崔，摧嵬崊巍，久不崩阤，似夫仁人志士”“水则源泉混混沄沄，昼夜不竭，既似力者”。

神仙思想对园林的形成和发展也产生了重要影响。神仙思想是原始宗教中的鬼神崇拜、山岳崇拜与老庄道家学说融糅混杂的产物，它把神灵居住于高山这种原始的幻想演化为一系列的神仙境界。与园林的产生有关的神仙思想主要是昆仑神话和蓬莱神话两个系统。由于神仙思想主导而模拟的神仙境界实际上就是山岳风景和海岛风景的再现，这种情况对生成期的园林向着风景式发展起到了一定的促进作用，在园林的后期发展中仍然可以看到这种演变历程。如神话中最初出现的西王母形象十分恐怖，居住的环境也很差，后来人们开始美化她的形象，并虚构了一个美妙的园林作为她的住所，这便是《穆天子传》中提到的“瑶池”。

2.4 结语

中国古代园林发展具有悠久的历史，但是由于园林艺术本身具有的特殊自然属性，不可能像石器、青铜器等文物那样保存相关的见证物。越是远古时期留存的见证物就越少，然而中国园林的起源问题是风景园林历史研究的重要内容，目前也并没有形成统一的认识。虽然大多数的研究将先秦苑囿看作是中国园林艺术的源头，但应该明确的是，艺术起源的涓涓细流并不是单一的，中国园林也不是在一种源头下发展起来的。在中国古典园林内涵和外延界定并不准确的情况下，需要深入分析和总结中国古典园林的历史发展过程，整合现有研究成果，并结合新的考古研究成果进行总结与分析，这样才能对中国园林艺术的起源作出更为科学客观的结论。

参考文献

[1] 周维权 . 中国古典园林史 [M]. 北京：清华大学出版社，2006.

[2] 林华东 . 良渚文化研究 [M]. 杭州：浙江教育出版社，1998.

[3] 陈从周 . 中国园林鉴赏辞典 [M]. 上海：华东师范大学出版社，2001.

[4] 姚亦锋，蒋亮 . 中国风景园林起源与古生态初探 [J]. 地理学与国土研究，2000（1）：58-63.

[5] 汪菊渊 . 中国古代园林史 [M]. 北京：中国建筑工业出版社，2006.

3　中国古代园林中的生态思想

张宝鑫

“生态”概念是基于生物个体的研究，一般指生物的生存或生活状态以及它们之间和它们与环境之间环环相扣的关系。现在“生态”的含义也在不断丰富，已经渗透到社会各个领域，常用来定义一些美好的事物，如健康的、美丽的、和谐的事物都可冠以“生态”，这其实与古代汉语中最初的“生态”意义类似。如南朝梁简文帝《筝赋》中说“丹荑成叶，翠阴如黛。佳人采掇，动容生态”，其中的“生态”就是指产生了美好的状态。虽然现代生态学的概念来自国外，并成为生态环境建设的重要指导理论，但中国有着传承悠久的传统生态思想，并将其作为中国古典哲学和自然观中的核心内容。古人早在数千年前就已自觉地运用这些理念，在社会生产和生活中不断贯彻“因地制宜、因时而异、因人而别”等居住和营建思想。

中国园林是中国传统文化的重要组成部分，也是中华优秀传统文化得以传承的重要载体。古代园林营建中蕴含着丰富的生态智慧，反映了社会发展和城市化过程中人与自然的和谐关系，体现了古人既充分利用自然又保护生态环境的态度，渗透着注重生态平衡、永续利用自然资源的思想。中国传统园林“师法自然”，是风景园林的典范，对我们当今园林设计和建设仍有很多可借鉴之处。当前对古典园林生态思想方面的研究还比较缺乏，相关领域的研究主要集中在建筑、哲

学、美学等方面。因此在当前建设生态文明的背景下，深入发掘古典园林中的生态思想，已是必然趋势，这对当下人居环境和公园城市的建设等方面无疑具有重要的现实意义。

3.1 古典园林初始发展的生态考量

中国园林形成的源头并不是唯一的，宅旁的植树绿化、畋猎苑囿、祭祀游乐是园林初始形成的三个主要源头。无论是哪种源头都离不开物质方面的自然因素以及思想层面的生态思想和自然审美观等，主要体现在“君子比德”思想和“天人合一”的哲学思想基础。

3.1.1 古人的自然观

人类来自大自然，与自然共生并存，从最初的崇拜上天，敬畏自然，到后来顺天守时，善待自然，再到敬天佑地，持久利用自然资源，这个漫长的过程反映了古人自然观的形成及演变。

人类发展的早期以生存为主要目的，利用自然环境而离不开自然，也面临自然界中的各种生存方面的威胁和挑战，如洪水、猛兽、食物短缺等。在生产力水平低下的上古时代，人们不可能去科学地理解大自然，因而视之为神秘莫测，对各种自然物和自然现象怀着敬畏的心情加以崇拜。高入云霄的山脉，“崧高维岳，峻极于天”，被设想为天神在人间居住的地方，其势陡峭险峻难以攀登，能够生云兴雨，仿佛神灵在焉，“山林川谷丘陵，能出云，为风雨，见怪物，皆曰神”。由此形成的自然崇拜，使得古人对自然始终怀有敬畏之心，既要利用自然资源造福于人类，又要尊重大自然、保护大自然，即《易·大传》中所谓“范围天地之化而不过，曲成万物而不易”，这种自然观必然影响了后世哲学思想和相关生产生活实践，与环境相关的内容一直沿着朴素的生态和风景式方向发展。

3.1.2 生态思想基础

在古人认识自然、适应自然的过程中，逐渐形成了中国传统文化中独有的思想和理论体系，那就是“天人合一”的哲学思想，这种哲学体系构建了中华传统文化的主体。中国传统哲学中以万物顺应自然规律生长为“天文”“地文”，如“天地之大德曰生”“生生之谓易”。“观乎天文，以察时变；观乎人文，以化成天下”，也即顺应春生、夏长、秋熟、冬藏的时变。

在道家看来，天是自然，人是自然的一部分。老子《道德经》中说“人法地，地法天，天法道，道法自然”，这里的“自然”，一般认为是指自然规律。儒家是从德行主体出发说明人与自然需要和谐相处，而不是对立、对抗或是改造征服，互相竞争。从儒家的视角而言，人的道德对生态的和谐起着重要作用，所谓“致中和，天地位焉，万物育焉”，因此，儒家认为“天”是万物发育生长的根源，可见天地运行、生生不息是生命开始的根源。

导源于先秦儒家的君子比德思想，从功利、伦理的角度来认识大自然。大自然山林川泽之所以能引起人们的美感体验，在于它们的形象能够表现出与人的高尚品德相类似的特征，把大自然的某些外在形态、属性与人的内在品德联系起来，必然会导致人们对山水的尊重，正如孔子所言“知者乐水，仁者乐山，知者动，仁者静”。大自然的山水正由于体现着人的内在品德而具有生命的意义，才具有了整体的生态美和社会文化的内涵。在这种思想指引下，自然风景成为品赏和游观的对象，《诗经·小雅·斯干》“秩秩斯干，幽幽南山，如竹苞矣，如松茂矣”。

3.1.3 生态环境保护

先秦时期的思想家对山林川泽之于国计民生的重要性、自然资源的有限性、野生动植物生长繁育的季节性以及维持自然再生能力的必要性等问题，已经具备了相当可贵的认识。基于这些认识而提出的许多思想主张，虽是为了解决那个时代的实际问题，但仍然具有当代价值。他们反对衣食侈靡、采捕违时、取用无度，认为暴殄天物、竭泽而渔的行为有违天地“生生”之德，导致自然生物丧失孳繁能力，樵采捕猎难以为继。

中国古代先哲在其著作中多有谈到开源节流、保护资源与经济发展的关系，主张合理利用、合理开发自然资源。如《荀子·王制》中说："草木荣华滋硕之时，则斧斤不入山林，不夭其生，不绝其长也；鼋鼍、鱼鳖、鳅鳝孕别之时，罔罟毒药不入泽，不夭其生，不绝其长也。春耕、夏耘、秋收、冬藏四者不失时，故五谷不绝而百姓有余食也；污池渊沼川泽谨其时禁，故鱼鳖优多而百姓有余用也；斩伐养长不失其时，故山林不童而百姓有余材也。"《周易·系辞下》云："天地之大德曰生。"古贤先哲始终强调"生生"之德：体现于自然是"生物"，体现于社会是"生民"，体现于经济是"生财"。"生民"是治国之根本，"生财"是富国所必需，"生民""生财"又是以"生物"作为自然基础，因此必须在国计民生需要与自然资源再生之间维持某种平衡，保证草木、鸟兽、虫鱼生生不息。天地之间万物化育各由其性、各顺其时、各有攸宜，人类可以辅相天地、参赞化育，帮助生物滋殖、长养和遂成，但必须奉天时、因地宜、顺物性，有节制地开发和利用。

古代各地都有关于保护环境的制度，以告示、禁令、村规、契约等形式出现，而设立护林、禁伐、育林之类碑刻是古代各地实施山林保护的常见举措，从留存的文物和碑刻可以看出古人保护绿水青山的措施。根据倪根金（2006）的调查可知：以水土保持和环境保护作为明确目标的护林碑刻，在清代雍正时期以前不是很多，乾隆时期以后迅速增加，南北皆有而以南方居多。相关的史料还显示，护林种树目标一致，官民互动比较密切，而民间意识的觉醒和自发积极的行动引人注目。为了保护一些佛教圣地也会有相关的保护措施。例如，北京西山地区产煤，持续不断地偷挖采煤破坏了这一地区的生态环境，影响了寺观园林的景观和水脉等，明代成化皇帝曾经颁布禁止采煤的旨令，清代康熙皇帝也曾立碑划定四至禁止挖矿，民国时期名流士绅联名立碑禁矿，为戒台寺等地区的生态环境保护留下了重要的历史文化遗产。这些都是古代生态保护思想的具体实践（图 1）。

从传统意义上说，中国人对家的理解就是"家园"，是一处理想的居所。这并不是说围墙篱笆之内才是家，家园的意思还有靠山吃山、靠水吃水之意，家以及周边环境共同构成了人们的理想住所，由此人们对居住地周边环境是爱护有加的。

皇帝勅諭官員軍民諸色人等
朕惟佛教肇自西方流傳東土慈悲利濟功德無量故皇度賴之尊安羣迷資其覺悟自昔有
國家者未嘗不崇奉焉都城之西有勝刹曰萬壽禪寺實古跡道場天下僧俗受戒之處正統
年間鼎新脩建仍舊開立戒壇導誘愚蒙使皆去惡為善邇來四十餘年矣其界東至石山兒
西至羅堠嶺南至南山北至車營兒山林田園果樹土産遞年給辦香火供獻之用近被無籍
軍民人等牧放牛馬砍伐樹株作踐山場又有恃強勢要私開煤窰窟通壇下將說戒蓮花石
座并折難殿積漸坍動司設監太監王永具悉以聞特降勅護持之陞住持僧德令為僧錄司
右覺義仍兼本寺住持俾朝夕領衆焚脩祝讃為多人造福今後官員軍民諸色人等不許侮
慢欺凌一應山田園果林木不許諸人騷擾作踐煤窰不許似前窟掘敢有不遵朕命故意擾
害沮壞其教者悉如法罪之不宥故諭
成化十五年六月二十二日

图1　北京戒台寺明代禁止挖矿碑刻拓片

3.2　古典园林营造中的生态思想

3.2.1　相地选址

中国传统文化中非常重视营造城市和住宅的选址，讲究“未看山时先看水”“有山无水休寻地”。《管子·乘马》中说：“凡立国都，非于大川之下，必于广川之上。高毋近旱，而水足用；下毋尽水，而沟防省。因天材，就地利，故城郭不必中规矩，道路不必中准绳。”《汉书·晁错传》中说：“相其阴阳之和，尝其水泉之味，审其土地之宜，观其草木之饶，然后营邑立城，制里剖宅，阡陌之界。”受此影响，中国传统居住环境也非常讲究“负阴抱阳”“背山面水”等理念，这从总体上来看利用了自然资源，使整个居住场所得到了充沛的日照，回避了寒风，减轻了潮湿，以现代科学角度来看，是符合能量循环规律的有效节能手段。因此住宅和园林讲究理想化的选址，选址过程体现了朴素的生态思想和智慧，与现代生态学的某些原理一致。

园林选址是造园的首要工作，古代类似的工作称为“相地”，中国古典园林在相地选址时会综合考虑水、植被、土壤、日照、方位等多方面因素。明代计成《园冶·相地》中将建园基址分成山林地、城市地、村庄地、郊野地、傍宅地、江湖地 6 种，认为最适宜造园的当属山林地。山林地植被茂盛，不但生态环境优越而且环境清幽，最适宜造园，明代文震亨《长物志》认为“居山水间者为上”。这都说明古人造园选址的第一要务是顺应自然的选择，选择自然环境良好之处，用现代生态学的观点看就是山水资源良好的地方，有足够的土地资源和环境承载力，能够保证人居环境的稳定发展。

3.2.2　园林营建

中国古典园林的营建模山范水，注重生态保护，尽量保持原有地形地貌，建筑随山就势，道路系统顺应等高线来修筑。尤其是皇家园林的建造者们充分利用山水自然资源，引河穿池，开凿人工湖泊，既可点缀景色，又能蓄水，供灌溉和生活用水；饲养动物，以备射猎和祭祀牺牲；在宫苑里外种植各种树木、花草、蔬菜，以备宫庭生活用度。

花木是中国园林中体现生命特征和季相变化的元素，也是生态环境营建的重要内容。在中国传统造园中，植物还是展示地域特色的重要元素，通过选择应用、合理搭配各种园林植物，不同时期的园林中形成了诸多富有文化特色、景观风格各异的知名植物景观。园林营造还注重对原有当地树种的保护，尤其是对古树的保护，《园冶·相地》曰："多年树木，碍筑檐垣；让一步可以立根，斫数桠不妨封顶。斯谓雕栋飞楹构易，荫槐挺玉成难。"

园林建筑要求自然采光，方位尽量朝南。由于中国处于北半球，温带季风气候，夏季多东南风，冬季多西北风，建筑南向能获得良好的日照，北侧如有高起之物就能屏障冬季凛冽的北风，所以《宅经》中有住宅最佳选址是"背山面水、坐北朝南"的规定，住宅一般都选在山水环抱的中心位置，地面平阔，前景开阔，这种选址在古代堪舆中称作"穴"，指自然环境最佳的地方，也是最"聚气"的地方。

3.2.3 生态之美

古代园林营造中的实用理念，体现了古人对自然既充分利用又加以保护态度立场，注重生态平衡。中国园林艺术形成有悠久的历史，其产生初衷并不是观光和纯游赏，而是有别的用途。如杭州西湖以其美丽的风景成为游览胜地，水利工程留下来的景观。杭州临近江海，水泉咸苦，本来没有什么居民，唐刺史李泌开始设闸泄水，引西湖水作六井，使当地供水丰足，人气遂盛。后来白居易到杭州做刺史，也做了疏浚湖水、引水入运河的工程，使运河的水可灌田千顷。他还增修旧堤，以抵挡钱塘潮。而白居易修堤的地方是在西湖东北部连接下湖的地方，正是唐朝刺史李泌"设闸泄水引灌六井处"。到了苏东坡做杭州太守的时候，西湖已经年久失修，被葑田充塞，湖水所剩无几，无法向运河提供水源。运河的水来自江潮，携带的淤泥很多，江潮泛滥过的市井，每三年就要清淘一次，当地人苦不堪言。苏东坡治理了

茅山河和监桥河，分别用来收受江潮和西湖水，并清理了西湖中的葑田，将它们堆积在湖中筑成一道堤，既清理了满湖的葑草，又方便了湖南北交通，并沿堤栽种了芙蓉杨柳，成为一道胜景。

3.3　结语

生态理念以尊重和维护自然为前提，以追求人与人、人与自然、人与社会和谐共生为宗旨，以建立可持续的生产方式和消费方式为内涵，以引导人们走上持续、和谐的发展道路为着眼点。中国古典园林在相地选址、设计营建、游赏体验等方面蕴含丰富的生态智慧，涉及水文、植物、建筑、场地等多个方面，在某种程度上体现了古人追求理想居所的探索和努力，恰恰契合了生态理论的相关内容。因此纵深了解环境问题的积渐过程，提取过往时代的思想智慧和实践经验，能够为当代环境保护和生态文明建设提供借鉴。古代造园中重视生存环境的治理以及生态环境的改善、追求“人与天调，天人共荣”这一境界的结果，而非单纯享乐。其在建设过程中所表现出来的生态观必将对当下人居环境建设有所裨益，在建设资源节约型、环境友好型的社会中发挥更大的作用。

参考文献

[1] 王鹏，赵鸣 . 中国古典园林生态思想刍议 [J]. 风景园林，2014（3）：85-89.

[2] 阎景娟 . 中国古典园林文化中的生态和谐理念 [J]. 学术研究，2007（12）：121-123.

[3] 周维权 . 中国古典园林史 [M]. 北京：清华大学出版社，2006.

[4] 王利华 . 思想与行动的距离——中国古代自然资源与环境保护概观 [J]. 史学理论研究，2020（2）.

[5] 倪根金 . 中国传统护林碑刻的演进及在环境史研究上的价值 [J]. 农业考古，2006（4）：225-233.

4 中国古典园林与传统文学

刘明星 常福银

中国古典园林独树一帜，造园艺术精湛，文化内涵丰富，且极富有诗情画意，令人流连忘返。园林的文化内涵主要通过传统文学等内容来表现，园林的欣赏和造园理论总结也离不开传统文学的支撑。园林蕴诗情画意于其中的特点在许多古典文学作品和其他艺术门类中都有反映。另外，具有深厚文化底蕴的园主人或造园者丰富的想象力，使园林意境得到更进一步的开拓、升华。古典文学与造园艺术的理念相辅相成，互相促进，影响深远。因此，对中国古典园林与古典文学之间的关系进行探讨，有助于我们更好地理解中国古典园林，从而更好地传承中国优秀传统文化。

4.1 文学与园林概述

4.1.1 概念

文学是一种用口语或文字作为媒介，表达客观世界和主观认识的方式和手段，是意象思维的结晶，是以文字符号形式反映人类生活、精神及审美水平的艺术。

园林是以物质为实体，融入一定的审美思想建造而成的，是供人们游憩、休闲、交友的场所，其中的要素山形水系、建筑、花木、陈

设、动物等作为载体衬托出人类的精神文化。

中国的文学和园林作为传统文化形式具有文化的同源性，两者相互联系、相互影响。古典文学中有许多关于中国古典园林的描绘，传世文学作品中描写园林的内容举不胜举，也记录下了园林的精美，这在一定程度上提升了园林在非物质文化方面的内涵。古典文学中蕴含的文化经典影响着人们对园林的认识，也影响着园林的设计理念，人们在园林设计过程中更加注重园林景观所要表达的意境，将文学的内容在造园中很好地表现出来，营造出具有诗情画意的优美景观，在此基础上形成极具文化内涵的中国古典园林体系。

4.1.2 古典文学中的园林

古典文学作品不但反映了不同历史时期古典园林的特点，同时也记载了古典园林的发展历程，为我们展现了中国古典园林源远流长、博大精深的感性形态，带给人们心灵上的共鸣，甚至震撼，引人敬仰和赞叹，这种体验提升了人们的精神境界。通过文学作品的表述，引发了人们对文学作品所描述境界的感受，在此基础上园林景观视觉之美与隐含的园林意境之美都得到了体现，园林与文学的关系可见一斑。

园林艺术以其特有的功能凝固了人类美化的自然，同时也融入了文学。根据现有的考证研究，文字记载的最早园林形式是周文王的灵囿。《诗经·大雅·灵台》记载了周代营造的灵囿、灵台和灵沼，“王在灵囿，麀鹿攸伏。麀鹿濯濯，白鸟翯翯。王在灵沼，於牣鱼跃”，这种描述很容易让人联想到一种生机盎然的场景。秦汉时期营造的更加宏伟壮丽的建筑宫苑，见诸各种文献记载，辞赋优美，传唱久远。如汉代司马相如《长门赋》描绘了宫苑长门宫，唐代杜牧《阿房宫赋》显现了阿房宫的宏大，唐代魏徵撰写的《九成宫醴泉铭》，以其“天下正书第一”的书法和优美的文字记录下皇家离宫的壮丽。宋代出现了以园林为创作主题的文学形式——园记，记录下园林的发展过程和内容。如李格非《洛阳名园记》记载了宋代私家园林的风采，赵佶《御制艮岳记》则描写了皇家园林的精彩，周密的《吴兴园林记》记载了湖州园林的美好，文字中可见名园的辉煌。明清时期，造园家通过自己对园林的创作，把实践经验与造园传统总结提高到理论高度，撰写出《园冶》《长物志》等造园理论著作以及关于石谱、花木谱录等以造园要素为主的理论著作。

4.1.3 名园与文学家

古代的园林主人或造园者大多数是具有文化的皇帝、贵族或知识分子，以其文化底蕴影响了园林的建造，很多名园在园林史上占有重要的位置。名人与名园相互辉映，共同谱写了园林的佳作名篇。历史上很多文学家、诗人和画家同时也是造诣很深的园林理论家和造园家，对园林的发展具有很高的启发性，如东晋陶渊明在《桃花源记》中创作了充满田园生活色彩的“世外桃源”，令后世多少文人骚客为之迷恋，其“采菊东篱下，悠然见南山”更是在很多园林中体现与效仿；唐代著名诗人白居易经营庐山草堂，建筑朴素，四时佳景，收之不尽，在洛阳建造私家园林履道坊宅园，有水一池，有竹千竿，悠游于其中；王维在陕西蓝田县利用自然景物，略施建筑点缀，建成著名的辋川别业，不乏自然之趣，又有诗情画意，留下了《鹿柴》《竹里馆》等经典名篇；北宋司马光在洛阳建独乐园，种植竹、松等花木，设读书堂，种竹斋（图 1），在其中编著了著名的《资治通鉴》；清代袁枚在南京建随园，自号随园老人，在这座名园中诞生了《随园诗话》《随园食单》这样的文化佳篇。

4.2 园林与传统文学的关系

4.2.1 园林和传统文学的共通点

中国园林和古典文学都是艺术作品，是依靠人类的想象活动创造出来的以视觉为主的产品，它们与其他精神产品的区别在于两者是通过造园家和文学家的意象思维创造的意象世界，通过一种物质的载体传达人类的审美经验，这是两者独有的审美本质。园林妙境多在虚实

图1 明·佚名 司马光归隐图（美国弗利尔美术馆藏）

之间，诗文也是一样，实是叙事，虚是写意。同时，文学家笔下的这种非现实的精彩意象世界给造园家提供了广阔的想象空间，为他们的造园实践提供了很好的创作素材。清代钱泳《履园丛话》中说“造园如作诗文，必使曲折有法，前后呼应”，园林的布局也与文学作品一样有起承转合，优秀的园林作品通过文学题咏和景境布局，将诗文意境融进园林，达到“境若与诗文相融洽”。因此可以说园林和文学是相互促进、相互影响的，且有着浑然天成的相似之处。

古代的文学家借助优美的文字，将自己所体会到的园林以真实的笔触表达出来，给读者尤其是造园家以启迪，而两者追求的意境从某种程度来说是一致的，因此造园家可以很方便地将这种意境与园林艺术效果有机地结合起来并加以提炼，融入造园实践中，构造出更加美好的园林意境。一些著名的园林如苏州网师园、留园等都饱含鲜明的文学意境。

4.2.2 传统文学和古典园林的联系

第一，游览园林和阅读文学作品都可以使人们在忙碌的工作之余，获得一种精神方面的放松和愉悦，由此成为人们生活中消遣的手段。优美的园林山水和好的文学作品都能给人带来精神享受，两者从这个角度上说有异曲同工之妙。园林中的美好胜景激发诗人强烈的感情，而优美的诗句将人们眼中的景观从内涵上进行了升华。

第二，以园林为主题的文学作品源于实体的园林，但不是对园林简单地描述，作品中不乏虚拟的意象世界和作者的思想感情，夹杂着作者对理想栖居环境的认识和憧憬，而造园家对文学作品意境的理解和文学作品作者本人的理解又是不一样的，两者认识的不同又进一步推动着园林理论和文化在矛盾中统一，从而得到共同发展。

第三，园林和文学作品都能够引导游园者和读者从中汲取精华，并根据游园者和读者对园林和文学作品的理解进行道德的自我完善，或以浩荡的气势，或以凝练的语言，给观者或读者以思想启蒙，加深对园林和文学作品内在价值的提炼与欣赏。对园林的个别形象进行具

有普遍性意义的体验和沉思的时候，心灵会得到升华，这样就起到美育的作用。

第四，对园林和文学作品的欣赏，能够愉悦心情、开阔视野，这在不同地区或不同文化背景之下是相通的，因此欣赏园林或阅读文学作品可以不用考虑地域或文化的差异，通过各民族之间和在全世界范围内的互相传播，为发扬中国园林和古典文学发挥重要作用。

第五，园林和文学都依托于中国传统文化，是在独特社会文化背景下发展起来的。园林对自然景观进行模拟和再现，与文学的结合使得园林中充满诗情画意。不同的园林，不同人的记载会有不同，同样道理，关于园林景观的文字记载，不同的读者感知的景观是不一样的，这种多元性正是传统园林和传统文学经久不衰的内在原因。

4.2.3 园林和古典文学的区别

园林作为一种实物存在，具有很强烈的现实性，文学作品则更多地表现虚拟世界和头脑中的世界。造园家构建的景观是现实生活中已有的或者可能有的东西，一花一树、一砖一瓦都是客观存在，是能够看得见、摸得着的；文学作品则更多地体现非现实性，即具有一定的虚拟性，或具有浪漫的想象。“飞流直下三千尺，疑是银河落九天”就是作者李白对自然景观的夸张描述，孟浩然的“野旷天低树，江清月近人”中所描写的景物并非对实际存在的月亮的描述，而是经过了创作者创造性的加工——虚构、虚拟，其实是作者托物言志，想表现一种苍凉的人生况味。这些在园林中只能去创建类似的境界，与想象的世界存在一定区别。

园林是人们生活在其中的栖居环境，从物质层面能够解决宜居的生理需求，在精神层面是一种客观存在的美，主要给人以感性认识或直观感受，仅凭人们的感官就可得到直观、具体的意象；文学是对客观存在的事物的描述，具有强烈的情感性，给人以理性认识，读者需经常反思，并结合自身对所记载文字的理解和生活经验进行感知。虽然园林也有文化内涵，观赏者不具备基本的文学修养不影响其游览和欣赏，最多是缺少对高层次境界的理解；文学则不然，人们必须有一定的积累，否则将无法欣赏文字的美。

园林营造体现了人们对栖居环境理想化的改造过程，挖湖堆山、栽树种花都是将心中的环境具象化；文学作品的创作则是将其所负载的审美经验加以加工、转移和传递的过程。如南宋词人张孝祥《念奴娇·过洞庭》："洞庭青草，近中秋，更无一点风色。玉鉴琼田三万顷，著我扁舟一叶。素月分辉，明河共影，表里俱澄澈。悠然心会，妙处难与君说……"此词上景下情，清澈空灵的景与萧疏空阔的情交融，是情景合一的意境，使读者从中体验到一种超尘脱俗的审美心境、情趣和经验。

4.3 园林中的文学内容

"造园如作诗文，须有起承转合，一波三折"。文人与园林的关系犹如鱼水相得。大量文人墨客参与造园，使中国园林富于诗情画意，许多描写园林景观的作品亦成为传统文学经典名篇，并通过碑碣、匾额、书条石等形式保存在园林中。

4.3.1 古典园林中的诗词匾额

中国园林往往运用景名匾额、楹联等文学手段对园景作直接的点题。中华民族自古就是个含蓄内敛的民族，受此文化影响的古典园林对意境的追求也不会直接显露，常常欲说还休。讲究探和悟，讲究藏和隐，而古人常借助匾额的题词来点破主题，所谓"盘中之谜"，使得风景中见诗画，诗画中有风景，相得益彰，有了生气，有了精髓，更有了园主人的精神寄托。如苏州拙政园中的与谁同坐轩，典故出自宋代文学家苏轼《点绛唇·闲倚胡床》中"有谁同坐，清风明月我"，轩名隐藏于文学作品中，欣赏时了解典故或出处方能见识到意境之深远。还有"晚年秋将至，长月送风来"的文学作品成就了网师园的月到风来亭。拙政园留听阁则是取自李商隐《宿骆氏亭寄怀崔雍崔衮》"秋阴不散霜飞晚，留得枯荷听雨声"。通过楹联匾额来点景，既丰富了景观的内容同时又突出了景观本身，成就了众多令人叹为观止的美

好景致。这些恰到好处的楹联匾额更是充分反映了诗词等文学作品的重要意义。

4.3.2 园林记游

中国古典名园是历代诗人吟咏的对象。很多园主还撰文或请著名文人代笔，专门描写该园的历史沿革、营建过程、景观命名的由来、艺术特色等，形成园记，留下众多优美的文学作品。如北宋李格非的《洛阳名园记》、南宋周密的《吴兴园林记》（图2）。园林与文人的关系密不可分，以园林为主题的文人作品丰富了文学的题材和形式，在文学的发展史上也留下了许多关于园林的名篇。文因景成，园林成就了众多千古名篇；景因文传，文人的游记印记了诸多历史名园。中国传统的造园中，园主人或造园者常常将一些文学名篇或经典诗文融入园林环境中，使园林的意境更加深远，也提升了园林的文化内涵。

4.3.3 园林与文学名著

在中国古典文学名著中，有很多涉及园林内容的作品。古典小说中故事情节以园林为背景者更是不胜枚举，以《红楼梦》为代表的文学作品成为园林文学与园居生活相互影响的生动体现。《红楼梦》是中国古代四大名著之一。作者塑造的大观园，一草一木、一亭一台都遵循着中国园林艺术的传统，体现着中国传统园林艺术的特征，书中关于园林景观的描写几乎遍布各个章节（图3）。中国的古典小说中，在对人物、环境的描写中，往往都涉及园林，尤其是在明清时期的小说中，多有对园林布局和景观的生动描写。

4.4 结语

中国园林与传统文学的发展是相互影响和互相促进的过程，两种文化艺术形式相谐相生。文学家通过自己感官体验到园林景观非现实的表象，强化了个人的思想感情，其文学作品给造园家极大的联想空间，甚至成为造园的指导法则，建造了充满深厚意境的园林佳作，陶

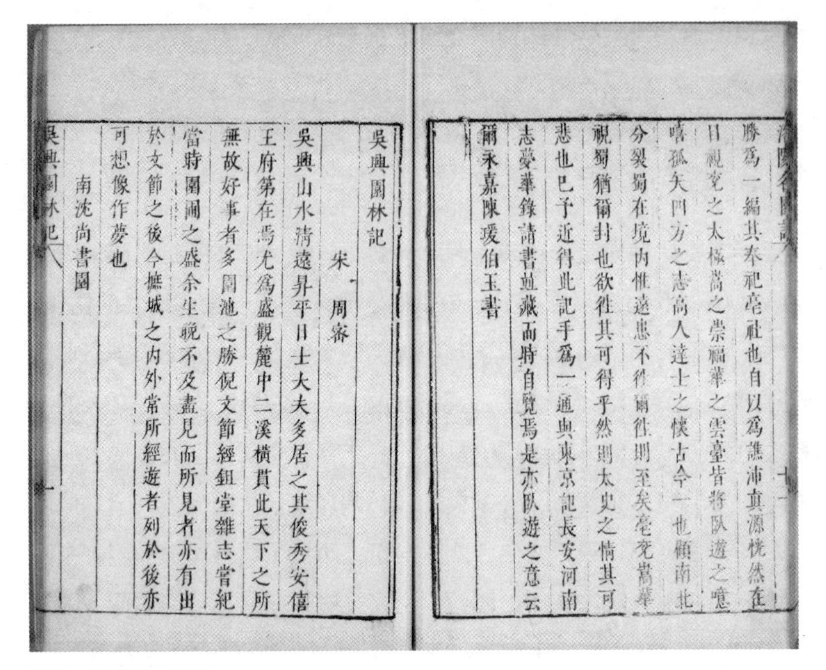

洛陽名園記 七

勝爲一編其奉祀亳社也自以爲譙沛真源恍然在目視之之太極嵩之崇福華之雲臺皆將臥遊之噫嘻孤矢四方之志高人達士之懷古今一也顧南北分裂蜀在境內惟遠患不得爾往則至矣亳兗嵩華視蜀猶爾封也欲往其可得乎然則太史之情其可悲也已予近得此記手爲一通與東京記長安河南志夢華錄諸書並藏而時自覽焉是亦臥遊之意云爾永嘉陳瑗伯玉書

吳興園林記

宋 周密

吳興山水清遠昇平日士大夫多居之其俊秀安僖王府第在焉尤爲盛觀麓中二溪橫貫此天下之所無故好事者多園池之勝倪文節經鉏堂雜志嘗紀當時園囿之盛余生晚不及盡見而所見者亦有出於文節之後今撫城之內外常所經遊者列於後亦可想像作夢也

南沈尚書園

吳興園林記 一

图 2 《吴兴园林记》

图 3 《红楼梦》中的大观园

冶人们的身心，给欣赏者一种美感，从这个角度上说，园林与文学是相辅相成的。因此，深入研究古典文学中关于造园的理论及探讨两者之间的相互关系，是当前园林文化研究需要重点思考和解读的问题，这也是传统园林价值总结的需要。

参考文献

[1] 黄东兵 . 园林规划设计 [M]. 北京：中国科学技术出版社，2003：7-9.

[2] 蒋孔阳，朱立元 . 美学原理 [M]. 上海：华东师范大学出版社，1999：88-92.

[3] 刘庭风 . 中日园林人物及著作比较 [J]. 中国园林，2003（9）：76-78.

5 中国古典园林与传统书画

王歆音　王　宇

中国古典园林艺术产生于中华传统文化之中，在发展过程中受到传统绘画、诗词和文学等其他艺术的影响，尤以绘画对于园林的影响最为直接。传统造园中把人工美和自然美巧妙地结合起来，表现出源于自然、高于自然的艺术特征。许多古典园林都是在文人和画家等共同参与下建造而成的，使得中国园林从一开始便带有诗情画意般浓厚的感情色彩，绘画艺术的创作理论不可避免地影响园林的营造。文人墨客在游遍风景如画的名山大川后，把对大自然的美好感受移情于庭院之内，在欣赏自然美的同时，更多地倾注了他们的思想感情与审美情趣，正如明代计成在造园著作《园冶》中所说“虽由人作，宛自天开”，园林这幅立体的山水画表现了文人们所营造的自然园林意境，也符合传统山水画论的相关要求。

5.1 山水画与园林艺术

5.1.1 山水画及其发展

山水画简称山水，是中国画的一种，在绘画分类中与人物画、花鸟画是并列的关系，一般来说是以描写山川自然景色为主体的绘画。中国山水画的最大特点是写意，所谓写意就是在还原自然原貌的同时

倾注画者的主观感受，达到虽不刻板地酷似自然原貌却能传自然之神。中国山水画的产生和发展折射出古人自然观和审美观，其成长也标志着文人参与绘画的开始。

山水画在魏晋南北朝开始出现并逐渐发展，但仍附属于人物画，多作为人物的背景。宗炳《画山水序》以及王微的《叙画》是山水画初期的山水画理论的代表。宗炳认为山水画家从主观的思想感情出发去接触大自然，可以通过借物写心的方式实现画中物我为一的境界，从而达到畅神的目的；王微的《叙画》则提出作画之情，山水画家只有对自然之美产生感情，内心有所激荡才能形成创作的动力，即所谓的移情。这些画论在一定程度上启发了人们以自然山水风景作为畅神和移情的对象。

隋唐时期山水画已经脱离了人物画的背景而独立存在，开始出现工笔和写意的区分，两者都既重视客观物象的写生，又能注入主观的感情和意念，即所谓的“外师造化，中得心源”，由此确立了中国山水画创作的准则。山水画家总结创作经验，将其著为画论。唐代出现了诗画互渗的自觉追求，苏轼评论唐代王维艺术创作的特点是“诗中有画，画中有诗”，同时山水画也影响了园林创作，诗人画家直接参与造园活动，园林艺术开始有意识地融糅诗情画意。

宋代的绘画艺术成就很高，山水、人物和花鸟成为三分天下的画坛格局，山水画尤其受到社会重视而达到兴盛的最高水平，这一时期画家辈出，技巧精湛。山水画家以写实和写意相结合的方法表现出“可望、可居、可游、可行”的士大夫心目中的理想境界——崇山峻岭、溪河茂林点缀着野店村居和亭台楼榭。从宋初李成的《晴峦萧寺图》《读碑窠石图》，燕文贵的《溪山楼观图》，北宋中期郭熙的《早春图》，南宋马远《踏歌图》（图 1）等，都可以看出宋代山水画的成就。宋代的山水画论以郭熙《林泉高致》为代表，“猿声鸟啼，依约在耳，山光水色，滉漾夺目。斯岂不快人意，实获我心哉，此世之所以贵夫画山水之本意也”，“不下堂筵，坐穷泉壑”则道出了画家们心中向往的理想居所，反映了文人的山水审美观。这一时期山水画中直接以园林为描绘对象的也不少，园林景色和园林生活越来越成为画家们愿意倾注心力创作的绘画题材。

图1　南宋马远《踏歌图》

元代山水画继承和发展了南宋马远、夏圭一派的画风而更重意境和哲理的体现，画家们特别注重主观意趣的抒发，作画“聊以自娱”“写胸中逸气”，作画不言“画”而名为“写”，以表露自己的逸

兴心绪。文人画家更加注重写意。他们以文人情趣、清逸雅兴为宗，寄情于山水之间，有的甚至亲自建造园林。如画家倪瓒早年在无锡建造“清閟阁”，意境空阔幽淡，一派山林野趣，正是他萧散清逸的心境和审美趣味的体现。苏州狮子林的兴建和发展也有很多文人画家的参与，终成一代名园。

明代山水画发展的鼎盛时期，山水画的吴门画派、松江派崛起，这些地区恰也是园林兴盛的地方，园林和绘画两者的联系可见一斑。明代的山水画比宋代画更重笔墨趣味，绘画、诗文和书法三者融为一体。文人画家参与造园的情形比过去更为普遍，个别的文人画家甚至成为专业的造园家，体现了山水画艺术向园林领域渗透和融合。清代不同风格、不同流派的山水画也丰富了山水画坛，使山水画进入了平稳发展的阶段。中国的园林艺术也在清代进入集大成时期，无论是皇家园林还是江南私家园林，在数量和规模上都远远超过前代，迄今为止保存比较完好的一些园林，几乎都是晚清时期所造或重修，也有大量的园林主题绘画留存，成为园林研究的重要资料。这一时期画家参与的现象也较为常见，清初常州长春巷的近园便是著名绘画理论家笪重光和恽寿平共同策划而成的；扬州的万石园和片石山房相传是画家石涛的作品，来自上海的宫廷画师叶洮还直接参与了清代皇家园林——畅春园的规划设计，绘制畅春园图称旨，并被赐锦绮。

5.1.2 山水画论与园林

山水画论早在南朝就有宗炳《画山水序》问世，至宋代形成了较为完整的体系。据温肇桐所编《历代中国画学著述录目》增订本记载，从东晋到清代的有关画论的著作有 814 种之多，可见画论的源远流长与博大精深。

中国传统书画对中国园林美学思想及艺术表现手法产生过深远影响，中国园林的布局遵循了山水画论的构图原则，被喻为“立体的画”。另外，中国园林“虽由人作，宛自天开”，其优美环境和幽深意境也成为中国传统书画创作的重要源泉。首先，中国山水画论、书法艺术等都曾对造园理论和造园手法的发展起着重要作用，山水画如同诗词歌赋一样追求意境，深受其影响的园林艺术自然按照诗歌和绘画的创作原则行事，并刻意追求诗情画意的境界。因而山水画把中国古典园林推向更高的艺术境界，赋予中国古典园林以鲜明的艺术特征——诗情画意。其次，《园冶》中云“多方胜境，咫尺山林”，当人们走进古典园林游览时无不觉得是在画卷中漫步，如画的意境往往引人入胜，咫尺之地再造乾坤的中国传统园林的景观形象为山水画的发展提供了绘画蓝本，在一定程度上促进了山水画由模仿自然景观到写意山水形象的发展。同时由于文人造园的示范效应，中国山水画对园林创作的艺术追求起到了引导和促进作用，不仅使传统园林造园手法和理论得以完善和成熟，具有造园创作的经验对于画家总结画论也具有一定的帮助，因为两者在某种意义上是相通的。

5.2 园林营造与绘画艺术

5.2.1 山水画与园林的关系

中国传统园林和山水画的关系密切，园林实际上是物化了的山水画，是和山水画与田园诗相谐相生共同发展的，是地面上的文章，是立体化的绘画作品。从它们的起源和发展角度来看，两种艺术形式都有着悠久的历史，皆受到当时社会政治、经济和文化的影响，是社会意识形态的反映；从中国园林和绘画艺术的发展历程来看，两者的创作皆出自古代文人或画家之手，是文人热爱山水、寄情山水、追求山水的情怀反映和现实载体。明代茅元仪提出“园者，画之见诸行事也”，说明绘画是造园的重要基础，历史上许多著名园林的设计都由文人画家完成，如王维与辋川别业，文徵明与拙政园。

中国画强调虚实、黑白意蕴。园林中人工营造的山水借鉴山水画构图原则，追求墙移花影、蕉影摇窗、梧荫匝地、槐荫当庭的艺术境界，构成一幅幅自然美景。园林是关于自然的艺术，园林中的风景常常成为画家作品的主题，历代留下了诸多园林主题的绘画，名画与名园相互辉映，同时也为消失了的园林留下了重要的研究资料。中国山

水园林可看作是中国山水诗、山水画的物化形态，在其发展过程中受到了绘画理论等的影响，画家参与造园在中国园林发展历史中亦具有悠久的传统。历代造园者以山、水、花木、建筑等要素，在立体的空间里做“画”，形成诸多富有诗情画意的园林作品。

5.2.2 园林中的画意——造园与卧游

中国传统绘画尤其是山水画讲究以形写神，虚实相映，以有限之景寓以无限之情，追求气韵生动的“境”，讲究虚实，通过墨和色彩来表现；中国造园家以绘画的艺术手法为基础，巧夺天工，使园林中山清水秀，花木掩映，处处风景如画，这就是中国园林所追求的画境。设计者采用借景、隔景等手法来分隔空间，形成曲径通幽、壶中天地的独特意趣，达到审美体验的互相交融，无论上下、左右、内外、远近的景物均可相互因借，相得益彰，虚实结合。中国古典园林在位置经营和造景理论上借鉴绘画理论，对自然美好的追求始终钟情于意境的表达，是对自然的一种艺术化的再现，正如童寯先生所说：“中国造园首先从属于绘画艺术，既无理性逻辑，也无规则。”园林中蕴含的诗画意境，诗、书、画相结合是对中国传统文化的深刻彰显，是对现实生活的心理表达，因此可以说，园林以其独特的魅力为世人所称赞。

山水画的出现满足了画家“卧游”和“澄怀观道”的需求。魏晋时期的一些文人和玄学家因交通工具简陋难以到远处游玩，但又想体悟山水中所蕴含的哲学思想，慢慢地就出现了通过欣赏山水画来体悟山水的方式即所谓的“卧游”。后来“卧游”“澄怀散志”成为中国艺术史、美学史中的一个重要命题，以表达同样的感受和体验，如元代画家倪瓒《顾仲贽来闻徐生病差》“一畦杞菊为供具，满壁江山入卧游”，清代诗人纳兰性德《水调歌头·题西山秋爽图》“云中锡、溪头钓、涧边琴。此生著几两屐，谁识卧游心”，写出了对卧游山水的喜爱。中国园林师法自然而又高于自然，是一幅三维的风景画，一幅写意而真实的中国画，其建造本身就是源于山水画的卧游思想的延伸，可以足不出户而遍览美丽的自然风光和四时变化，由此吸引着一代代文人画家积极参与造园。

5.2.3 绘画中的园林——园林名画

中国园林师法自然，追求“虽由人作，宛自天开”的艺术境界，是经过改造后的人化自然，更加符合人们对于栖居环境的理想追求，其优美的环境和幽深意境也成为中国传统书画创作的重要源泉。

无论是皇家园林还是私家园林，园主人都乐于延请名家将自家的园林用手中的丹青妙笔记录下来，展现园林之美，使得园和画相得益彰，互为补充，也使园林本身不宜保存的缺点能在一定程度上得到改善，后世的人能够见识到园林的精美，许多消失的历史名园借此得以重现绚丽。无论是以整个园林为题的绘画，还是园林一角的作品，都为我们揭示了园林的本来样貌。以园林为主题的绘画留存有很多名作。

园林本身作为绘画创作的有很多。唐代九成宫是著名的皇家园林，由于其规划设计能够谐和自然风景而又不失皇家宫苑的气派，在当时颇有名气，许多画家以它作为创作仙山琼阁题材的蓝本。李思训和李昭道父子就曾创作了以九成宫为主题的绘画，对后世的影响较大。著名的画家赵伯驹、袁江都曾创作过九成宫题材的作品。一代名园成为绘画和园林相结合的重要实例。此外，园林中的园居活动成为绘画题材的也有很多，如著名的魏晋金谷园雅集、兰亭修禊盛会、唐代香山九老会、宋代西园雅集，历代都有雅集图存世。宋代李公麟、马远都曾绘有《西园雅集图》，明代谢环绘有《香山九老图》。园林中的雅集图展现了文人的生活方式，拓展了以游乐为主的造园目的，园林的社会交往功能逐步成为园林居住的重要内容。

5.2.4 山水画家与造园家

古代山水画家中不乏造园家，他们参与造园是山水画艺术对古典园林影响的具体体现。中国山水画从唐代开始得到迅速发展，盛唐山水田园诗派诗人、画家王维崇尚“画道之中，水墨为上”，这一期间，形成了以李思训、王维为代表的青绿山水和水墨山水画派。王维《辋川别业》是园林发展繁盛时期的代表，营建在钟灵毓秀的陕西蓝田辋川山谷，优美的自然环境孕育出既富有自然天趣，又充满诗情画意的

自然园林。张彦远《历代名画记》中记载“清源寺壁上画辋川，笔力雄壮”，指的就是王维的辋川图，可惜现已不存，传世的《辋川图》绢本画应是后人据此临摹而成。朱景玄《唐朝名画录》评论《辋川图》：“山谷郁盘，云飞水动，意出尘外，怪生笔端。”文徵明是明代著名的画家，其与园林的关系也非常密切，曾在苏州高师巷筑“停云馆”，参与了拙政园的建造和设计，并留下了拙政园图册。徐默川的紫竹园也是由文徵明布图、仇英藻绘；吴门四家的沈周在相城筑“有竹居”，其作品《东庄图》描绘了吴宽的东庄（图 2）。清代郎世宁和王致诚等都参与了圆明园中西洋楼景区的建造。

图 2　明·沈周《东庄图》（局部）

5.3　园林与书法艺术

中国独特的书法艺术以其极高的艺术和文化价值，对园林的精神旨趣及山水景观的生发映衬带来了整体的艺术效果，在园林审美中产生了深刻的影响。中国历代书法家的书法墨迹，以楹联、匾额、碑刻等形式留存于园林中，使历代名园成为中国书法艺术的宝库。

楹联匾额是园林中点题的内容，文字多取自具有文化意蕴的文学作品或引用典故，并往往延请名家进行书写，或草书，或隶书，或篆书，书法家的书法作品与充满自然韵味的园林相得益彰，珠联璧合。

碑刻是传统园林中的点缀，也是书法艺术的重要载体。中国书法最早进入园林的是寺庙名胜，以庙碑或塔铭的形式留下历代书法家的真迹。伴随着中国园林的发展，皇家和私家园林中也都以碑志塔铭、造像题记等形式留下了众多的书法作品。

法帖是中国书法艺术的载体之一，通过刻帖的方式，为学习书法提供范本，也使古人的书法得以流传。在传统的园林中，法帖多以书条石等形式存在。在江南园林中多有书条石嵌于墙壁间，使得游园者随时能感受到园林的深厚底蕴。

5.4 结语

园林与书画艺术都是中国传统文化的重要组成部分，都是以文人为创作主体而形成的艺术形式，园林与书画的互相渗透与融合，体现了艺术同源和艺术追求的相似性，都扎根于中国传统文化中，可以说园林就是中国传统书画艺术展示和留存的重要载体。在园林文化的相关研究中，应该深入挖掘园林与其他文化形式的关联及内在逻辑关系，这样才能更好地传承优秀的中华传统文化。

参考文献

[1] 彭一刚 . 中国古典园林分析 [M]. 北京：中国建筑工业出版社，1986.

[2] 周维权 . 中国古典园林史 [M]. 北京：清华大学出版社，1999.

[3] 曹汛 . 中国造园艺术 [M]. 北京：北京出版社，2019.

[4] 顾凯 . 拟入画中行：晚明江南造园对山水游观体验的空间经营与画意追求 [J]. 新建筑，2016（6）.

[5] 刘珊珊，黄晓 . 中西交流视野下的明代私家园林实景绘画探析 [J]. 新建筑，2017（4）.

6 中国古典园林与戏曲

谷 媛 孙 伟 刑 宇

“不到园林，怎知春色如许”，昆曲《牡丹亭》道出了园林戏曲与园林密不可分的关系，园景和曲情互为映衬，相得益彰，珠联璧合。古人把良辰、美景、赏心、乐事喻为人间“四美”，在园林中抚琴赏月，观舞听曲，亦为雅事。

6.1 梨园肇始

戏曲是我国传统戏剧的一个别称，主要由民间歌舞、说唱和滑稽戏三种不同的艺术形式综合而成。它起源于上古时代用来娱神的原始歌舞，是一种历史悠久的综合舞台艺术样式。唐代社会经济和文化高度发展，促进了文化和艺术的繁荣，也使得戏曲艺术开始自立门户，并给戏曲艺术以丰富的营养，诗歌的声律和叙事诗的成熟对戏曲产生了非常重要的影响。由唐代到宋、金时期终于形成比较完整的戏曲艺术，融合了文学、音乐、舞蹈、美术、武术、杂技以及表演艺术，成为我国最具有民族特点和风格的艺术样式之一。

自唐朝起，“梨园”就成为歌舞教习场所的代名词，园林与戏曲开始发生联系，成为歌舞演剧的理想场所。在风景优美的园林之中设置戏班，培养梨园子弟的习俗一直延续至清代。梨园本是皇家禁苑中与枣园、桑园、桃园、樱桃园并存的一个果木园。《新唐书 · 礼乐志》载：“玄宗既知音律，又酷爱法曲，选坐部伎子弟三百，教于梨园。声有误者，帝必觉而正之，号皇帝梨园弟子。”唐中宗（705—710年）时期，皇家果木园中设有离宫别殿、酒亭球场等，是供帝后、皇戚、贵臣宴饮游乐的场所。后经唐玄宗李隆基的大力倡导，梨园的性质发生了较为重大的变化，由单纯的果木园圃，逐渐成为唐代一座演习歌舞戏曲的场所，由此也成为我国历史上第一所集音乐、舞蹈、戏曲的综合性“艺术学院”，同时开启了园林与戏曲相谐相生的发展历程。

6.2 园林与戏曲

6.2.1 园林与戏曲的关系

戏曲与中国园林之间有着千丝万缕的联系，存在共通的美感。由于园林本身的环境和功能，不仅使其成为戏曲的孕育发源地，在漫长的历史发展过程中，园林还促进了传统戏曲的发展。

在戏曲发展的早期阶段，戏曲作为俗文化的一种艺术样式，无论在孕育之中还是形成之初，一直受到主流社会和士人阶层的漠视。戏曲表演情感表达偏于直率粗俗，表演特色亦是质朴本色，充满着民间乡土气息，这与儒家温文而雅的气质并不相符，更与追求幽静隐逸的园林环境格格不入。在这种条件下士人阶层的思想情感、艺术观念和审美趣味与戏曲表演无法很好地融合，即便唐代的梨园中培养戏班，但戏曲表演尤其是园林中的演剧仍然不是社会娱乐活动的主流。到了金元之交，戏曲的这种情况发生了根本性变化，随着雅文化承担者的汉文人地位不断下降，雅俗两大文化趋向于合流，带动了整个社会文化的更新与流行，在基层文人的推动下戏曲艺术勃然兴起，北方的元杂剧最为引人注目。众多文人参与戏剧创作和表演促进了剧本创作的繁荣。明代中叶至清中期戏曲中影响最大的声腔剧种，很多都是在昆剧的基础上发展起来的，昆曲由此被称为“百戏之祖”。昆曲与园林同为士人阶层雅文化的具体形式，两者的艺术风调和美学品性颇为相近。文人造园以“虽由人作，宛自天开”为艺术追求的最高境界，通过对自然的模仿，叠山理水、栽花种树、营造建筑，营造一片与自然

和谐、充满人文气息的人工景观。园林之妙正在于通过咫尺之地再造乾坤，并借助“移步换景”“曲径通幽”等使得园境更加富有梦幻色彩，清曲的传统即是从园林山水之中孕育而出。昆曲以箫管弦索为重，以徒歌清唱为美，将观众带入优美的戏剧境界，其声音和表演形式亦近自然，故昆曲最为契合园林的幽雅意境。当两者融合之时，居于如画的园林之中，于静谧高雅的园林中欣赏同是高雅艺术的昆曲，文人雅士可以悠闲地欣赏悠扬的山水清音。幽静的园林中有了清丽悠扬的乐音、婀娜曼妙的舞姿和声情并茂的表演，观者感官上的审美就会趣味大增。故而文人园林自古就是首选的歌舞宴乐之地，以昆曲为代表的中国戏曲与园林在艺术品性与审美接受上存在天然的契合。

中国园林到明清后发展到成熟和集大成时期，与此同时，昆曲也在不断地完善和发展，明中期后盛行于江南，园与曲产生了不可分割的密切关系。作为“百戏之祖”的昆曲，一些经典曲目不但曲名与园林有关，而且曲境与园林更是互相依存，有时几乎曲境就是园境，而园境又同曲境。如汤显祖的《牡丹亭》，剧情的展开与园林环境密不可分。可以看出，文学艺术的意境与园林是一致的，只是表现形式不同而已。清代戏曲家李渔同时是个园林家，自己有戏班，也擅长造园。文人园林中花厅以临水为多，或者再添建水阁，这些花厅、水阁都是兼作听曲和演剧之所，如苏州怡园藕香榭、网师园濯缨水阁等。园林中的风花雪月，经过文人之手，潜移默化于戏曲表演之中，演绎出很多悲欢离合的人生故事。在这里，园林和戏曲一同构建起一处文人雅士的理想精神家园。

6.2.2 园林中的演剧机构

唐代有四处梨园，分别是禁苑梨园、宫内梨园、长安太常寺管辖的梨园别教院以及东京太常寺管理的梨园新院。后世所指的梨园一般是指唐玄宗亲自指导乐工的禁苑梨园和宫内梨园。禁苑梨园位于长安光华门（一说芳林门）北禁苑内，是帝后与臣僚进行风景游赏和举行拔河、击毬娱乐活动之处。据《旧唐书》记载，唐中宗每年春临幸梨园，夏季宴饮于葡萄园。自芳林门入，集于梨园毬场，分朋拔河。景云中，由临淄王李隆基、嗣虢王李邕与驸马杨慎交等四人组成的宫廷毬队与吐蕃毬队在此苑内梨园毬场举行友谊马毬比赛。玄宗时，这一皇家禁苑中开始设置演习歌舞的场所。《旧唐书·玄宗本纪》记载："玄宗于听政之暇，教太常乐工子弟三百人，为丝竹之戏，号为皇帝弟子，又云梨园弟子，以置院近于禁苑之梨园。"由此可知，到唐玄宗时，梨园的主要职责是训练乐器演奏人员，与专司礼乐的太常寺和充任串演歌舞散乐的内外教坊鼎足而三，梨园由一个单纯游乐性质的御苑变成了"梨园子弟"演习歌舞戏曲的场所。

宋代的宫廷演剧一般是在皇宫中的宫殿里举行，表演场所是宫殿前的庭院。元代开始在宫殿里兴建永久性的戏台，厚载门前的一座舞台两侧有飞桥把舞台和厚载门相连接，飞桥上设有栏杆，舞台上演出的人可沿飞桥从两侧走上厚载门。明代在南京建御勾栏受当时神庙戏楼形制的影响。这座御勾栏搭在繁华的十字街头，周围是商业店铺，是一木石结构的楼阁式建筑，主体为高楼，楼上有雕花窗户和栏杆，屋顶是飞檐挑角式，在建筑的下部有一戏台，面积宏大。明代宫廷由礼部和太常寺负责日常音乐活动之管理。礼部"掌天下礼仪、祭祀、宴飨、贡举之政令"，太常寺"掌祭祀礼乐之事，总其官属，籍其政令，以听于礼部"。其下则分设专管音乐事业的机构神乐观和教坊司，主要负责宫廷祭祀、宴飨等雅乐的管理与演出，另设钟鼓司，负责一部分宫廷雅乐及演剧管理。

清代"升平署"原称"南府"，是清代宫廷管理演戏事务的专设机构，主要职责包括安排演出、管理演员、记录演剧事务、保管演剧行头砌末等。升平署本署位于社稷坛西南侧，紧邻紫禁城。除城内本署和颐和园行署外，在帝后驻跸的许多园囿设立分署机构，圆明园、承德避暑山庄等都设有升平署的行署。颐和园的升平署（图 1）位于颐和园的东北侧，与园内的德和园大戏台相距不远，为一座四进院落，由北到南依次是后升平署、前升平署、堂档房和步军统领衙门，共有房间 212 间，光绪十七年（1891 年）建成。升平署中藏有大量记有清宫演戏情况的档案，包括恩赏日记档、差事档、日记档、散角档、银两档、知会档、旨意档等，记录了当时清宫演剧的演戏戏单及时间，

图 1　颐和园升平署

演员及演员的赏银，帝后关于演剧活动的旨意等内容。除此之外，升平署还藏有大量的行头、盔头和砌末，这些戏衣盔头被存放在衣箱和盔箱当中，不同种类的行头被存放在不同的容器之中。

6.2.3　园林中的戏台

戏曲表演的专门场地就是戏台，从最早出现的“露台”到金代三面观的戏台，至元代，戏台分前后场已经非常普遍，这是戏曲完全成熟的重要标志。它的出现与变化，也从一个侧面反映了戏曲艺术的兴起和演变。在中国传统园林中，无论是皇家园林还是私家园林，多考虑到听戏唱曲的需要，布置有不同类型和风格的戏台。

清代皇帝和王室很多都是戏迷，特别是乾隆皇帝和慈禧太后等人，所以在紫禁城及其旁边的园林中建有多座戏台。园居生活的盛行使得皇家园林中的戏台很多，有复杂的大型戏台，也有小型戏台（表 1）。此外，清代皇帝又都喜欢在北京周围建立行宫，用以避夏或游玩，于是在北京周围的一些宫廷苑囿里也建有和紫禁城里面形制一样的宫廷戏台。清宫戏台建筑无论是在使用功能上还是在造型美学风格上都达到了中国传统戏台构造艺术的顶峰，它是在戏曲发展到成熟时期为适应戏曲表演的需要而形成的，又反过来对于戏曲舞台艺术实现登峰造极起到了推波助澜的作用。

表 1　清代皇家园林中的戏台简表

名称	地点	时代	现状	备注
倦勤斋戏台	故宫宁寿宫倦勤斋内	乾隆时建	完好	室内小戏台
如亭戏台	故宫宁寿宫颐和轩西	乾隆时建	完好	室外二层亭式小戏台
春藕斋	中南海丰泽园内	康熙时建	拆除	实为廊庑，曾用演戏
万方安和戏台	圆明园万方安和轩内	约雍正初	毁于咸丰十年	室内小戏台
慎德堂戏台	圆明园九州清晏慎德堂内	道光十年新建	毁于咸丰十年	室内小戏台
展诗应律戏台	圆明园绮春园展诗应律轩内	道光初已存	毁于咸丰十年	室内小戏台
生冬室戏台	圆明园绮春园生冬室内	道光时已存	毁于咸丰十年	室内小戏台
南府（升平署）戏台	原属南海，现在北京长安中学校内	乾隆时建	大体完好	排演戏台
晴栏花韵戏台	北海漪澜堂东侧	乾隆时建	完好	已改他用
纯一斋戏台	中南海丰泽园内	康熙时建	外部完好	内部改建
听鹂馆戏台	颐和园听鹂馆内		完好	中型戏台
恒春堂戏台	圆明园武陵春色院内	约嘉庆时期建	毁于咸丰十年	
颐年殿	中南海	康熙时建	已改	
含经堂戏台	圆明园淳化轩东侧	嘉庆十九年添盖看戏楼	毁于咸丰十年	
敷春堂戏台	圆明园绮春园敷春堂院内	嘉庆时建，道光元年戏台改为殿宇，道光十四年添盖扮戏房 7 间	毁于咸丰十年	
同道堂戏台	圆明园九州清晏院内	咸丰五年添盖	毁于咸丰十年	
德和园戏台	颐和园内（原清漪园怡春堂旧址）	光绪时建	完好	三层大戏台
清音阁戏台	圆明园同乐园院内	雍正时建	毁于咸丰十年	三层大戏台
清音阁戏台	承德避暑山庄福寿园内	乾隆时建	毁于民国时期	三层大戏台

清代，避暑山庄福寿园清音阁戏楼与圆明园同乐园戏楼、紫禁城畅音阁戏楼（1776年建）、颐和园的德和园戏楼（1891年建）合称为“内廷四大戏楼”。清音阁戏楼位于避暑山庄东宫建筑组群第三进院落中，与福寿园观戏楼相对，是清廷避暑山庄这座离宫别苑的重要功能性建筑，与圆明园同乐园清音阁戏楼同名。

颐和园中德和园大戏楼是较为复杂的戏台，始建于光绪十七年（1891年），光绪二十一年（1895年）建成，当年的七月二十四日，灵官扫台首演开唱，直到慈禧太后光绪三十四年（1908年）去世为止，德和园为慈禧太后承应三百余次，最长一天可唱戏十余个小时。三层戏台从上到下，分别设有福台、禄台、寿台，可以满足像连台本戏《升平宝筏》这种需要上天入地戏目的演出条件。内还设有七个天井、六个地井，贯穿于整个戏楼。还有贯架、辘轳、滑轮等机关，可做到神仙从天而降，鬼怪自地而出，寿台下还设有水井，可从地下喷水，除了增添演出效果外，这些水井还对德和园演出的声学效果起到了一定的作用。德和园戏楼汲取中国戏楼建筑之精华，恢宏壮丽，机关尽巧，是慈禧太后赏戏最频繁的场所之一，也是晚清戏曲活动最为活跃的场所之一。德和园兼具艺术性与科学性，而作为仅存的两座三层大戏楼中的最大者，更具有丰富的文化价值和厚重的历史价值。

私家园林中的戏台也较多，尤其是江南园林中几乎园园皆有。东山丝竹是苏州留园内戏厅，“东山”原指晋代谢安在浙江上虞的隐居地，在此则指代隐居，“丝竹”指音乐。整座戏厅坐南向北，共三间，戏台筑于厅南中间，属凸字三面伸出，后面还附建了戏房，上下两层，各有三间，戏台以北为观众席。卅六鸳鸯馆是苏州拙政园西花园的主体建筑，由南北两厅相结合，统一于一个大屋顶之下的特殊建筑，营造上称之为鸳鸯厅，北厅即为卅六鸳鸯馆，为主人会客、听曲、休憩之所。扬州何园水心亭是中国传统园林中著名的水中戏亭（图2）。水心亭位于何园水池的中央，专供园主人观赏戏曲、歌舞和纳凉赏景之用。水心亭是园林中不多见的水上戏台，四面临水，巧用水面和环园回廊的回声，增强其音响的共鸣效果。

图 2　扬州何园水心亭

6.3　结语

园林和戏曲都是中华优秀传统文化形式，都与节日风情、习俗讲究息息相关。戏曲表演移步换景，可动观亦可静观，而园林中的移步换景更是园林艺术本身的特点。园林是古代文人为主体营造的理想住所，多是文人或者官员的私家花园，戏曲的发展和演变也离不开文人，剧本由文人编写改良，使之成为高雅的艺术形式，因此文化性是两者产生联系的根本内因。古代的皇家园林中戏曲表演多为行教化、倡导孝道之意，私家园林中，文人都有自己的私家戏班，又因爱在私家花园中排演昆曲等戏曲艺术形式，而流传下戏曲与园林密不可分的佳话。

参考文献

[1] 石矢．“梨园”的出典 [J]. 陕西戏剧，1984（8）：62-63.

[2] 李明明．唐代梨园考辨 [J]. 文教资料，2008（12）：70-71.

[3] 徐莹．慈禧与德和园演剧 // 清宫史研究（第十一辑）——第十一届清宫史研讨会论文集 [C]，2013.

7　神仙传说与中国古代园林

丁雪竹　殷伟超

中国园林的产生和发展有其社会文化背景，在其最初的雏形期就与通神和求仙等功能产生了密切的联系，在中国园林后期的发展过程中更有实际的宗教上和哲学上的玄学背景，是一种介于永恒的精神乐园和红尘俗世之间的理想空间，在造园中追求的世外桃源和壶中天地境界本身也是神仙思想的一种体现。因此，纵观中国园林的发展过程，可以说中国古典园林从诞生之时就与神仙思想结下了不解之缘，在演进过程中更是与之相谐相生。

7.1　神仙与神仙思想

7.1.1　神仙思想概述

神，作为文字始见于金文，古字形由表示祭台的“示”和表示雷电的“申”构成。东汉许慎《说文解字》解释为“引出万物者也”。神字的本义是天神，泛指人们身体上的精神和虚无缥缈的神灵，由精神、神灵引申为异乎寻常的、不可思议的意思。

仙，最早见于小篆，由“人”、四只手把东西举起来和坐着的人形构成，表示人看见一个东西升起来了，整个字的意思是升入天空中的人，由此产生神仙的含义。汉字隶定时简化为异体字形“僊”。《说文解字》："仙，长生仙去"，从人，从䙴，䙴亦声。其字汉代或从人、从山。《释名》："老而不死曰仙。仙，迁也，迁入山也。故其制字人旁作山也。"仙的本义指长生不老，升天而去，引申为具有高超才能的人、非一般的事。

神和仙其实有不同的意思，神作为概念的出现要早于仙，神指的是上古时代的原始神，而仙是通过修炼而成的不死之人。现在常将"神"和"仙"二字合用，表示无所不能、超脱轮回、跳出三界、长生不老的人物，古代典籍中指人所能达到的至高神界的人物，如庄子《逍遥游》中记载："藐姑射之山，有神人居焉；肌肤若冰雪，绰约若处子；不食五谷，吸风饮露；乘云气，御飞龙，而游乎四海之外；其神凝，使物不疵疠而年谷熟。"

神仙思想和中国文化有着千丝万缕的联系，儒、道、释正是在此融为一体，形成一种文化凝聚力。从早期神仙方士对长生不老的鼓吹到后来分别吸收了以"天命"为最高追求的儒家思想，以"道"为核心的道家思想以及阴阳五行等思想，最终将这些原本就是从神话思维里抽象出来的概念重新融为一体。佛教传入中国后的神仙思想中又融入了大量的佛教人物和教义，发展到最后，任何圣贤豪杰只要有功于天下百姓，民间都会奉之为神仙进行祭拜，如关羽等。于是在中国的传统文化中，一个从皇家贯穿于民间、带有神秘色彩、有系统的思想和文化体系就这样形成了，并与其他文化形式相互影响，共同发展。

7.1.2 神仙思想演变概述

神仙思想源于先民对于周边世界的初步认识和想象，也是人们对自身生命意识感知和体验过程中的想象，早期中国神话中就出现了长生不死与自由飞升的幻想。这种思想和意识反映了其对所处自然环境的无奈和不安之情，当然从另一个角度可以说寄托了先民对自己和所处环境的美好愿望。

神仙思想产生于先秦时期，我国独特的地理环境是神仙信仰影响广泛和求仙活动得以推行的温床。瑰丽奇异的自然山水和丰赡富庶的物产资源同样培育了古人的神仙思想，他们对于不可知世界的想象异

常丰富。春秋时期是神仙思想逐渐成形的阶段。早期的神仙思想表现的重点为超脱外物拘束的绝对精神自由，对于肉身不死的追求尚处于萌芽阶段，灵魂不死观念向神仙思想转变，荆楚文化区和燕齐文化区是主要流行区域，昆仑文化区的长生不老思想则可能是两地神仙思想的重要来源。战国后期经齐威王、齐宣王、燕昭王等诸侯和贵族的鼓吹，灵魂不死信仰逐渐向肉身不死追求转变，秦代求仙活动在这样一种思想背景下迅速发展起来，出现了方士等专门以求仙为目的的人群。方士的产生大致经历了从原始巫师到早期方士、由早期方士再到神仙方士这样一个逐渐发展演变的过程。

原始氏族部落或居于平原，或傍高山而居，或临大江大河，部落首领需要面对生产、治水、狩猎等困难的工作，他们死后，族民感念其功德而将其尊奉为神明。于是平原地区有了土地神，山地有了山神，川泽有了水神，后两者即所谓的山川之神。《国语·楚语下》的记载反映了“夫人作享，家为巫史”时代的山川崇拜，《国语·鲁语下》云“山川之灵，足以纪纲天下者，其守为神”。西方宗教学家伊利亚德在《神圣的存在》中说“高山能够通神，是诸多民族与地区的普遍信仰”，可以看出东西方文化在此方面的相通性。先秦古籍《山海经》中保存了大量我国远古时代的神话与传说，其中记载的各地名山中多有神仙居住。这种思想影响了早期政权统治的思想基础，政治理想与求仙理想在山川祭祀中得到结合，求仙、祭祀与政治活动和政治理想紧密联系，也影响了后代皇帝对山川的崇拜和祭祀。

7.1.3 我国的神仙思想体系

中国历史上就是多民族国家，不同的民族和宗教信仰使得神仙思想比较特殊，这里的神仙思想一般来说是指融合了上古神话体系、道教神仙体系、佛教神仙体系于一体的神话，是古代社会巫术、宗教等精神文化的核心。

上古神话体系中，神仙的概念不够统一。《山海经》中记载了造人的女娲、蓬发戴胜的西王母、逐日的夸父、争神失败而舞干戚的刑天等。《淮南子》中记载了尝百草的神农、与颛顼争帝怒触不周山的共工以及后羿、嫦娥等。诗歌总集《诗经》中则记载了商朝始祖天命玄鸟。《楚辞》中的古楚至高神东皇太一以及后来民间流传始记于《三五历纪》里的创世神盘古，很多神仙分散出现在不同的古籍里，但是对同一个神仙记述却不完全一致。

我国本土道教中衍生出的神仙是神仙思想的主体。道教的源流可以追溯到先秦时期的道家学派，在汉代逐渐发展壮大，以修仙作为修炼的终极目标，以炼丹为其主要的日常内容。道教的主要经典有《道德真经》《南华经》等众多经书，这些道教典籍中创造了众多神仙，并且大部分神仙都出现了官职化的现象，这些神仙逐渐为统治阶级和民众所接受，成为民间传说里神仙的主要来源。与道家有渊源的儒家对神仙其实是一种审慎的态度，往往“敬鬼神而远之”，“子不语怪力乱神”。

佛教作为外来的宗教，其神仙体系是与本土的宗教神话结合的产物。佛教在汉代传入我国，但是初期人们对佛教的理解还很有限，一般把佛教理解为类似的黄老之学，都是主张清静无为的。后来随着佛经的大量翻译，人们对佛教的理解才逐渐得到提高，佛教的教义逐渐明晰，佛教也开始逐渐世俗化。佛教的神仙体系也与道教的神仙体系相互影响，在后世民间对于神仙世界里佛道源头界限渐渐模糊。

7.2 神仙思想与古典园林生成与发展

一般来说，园林起源于先秦时期，从源头上说有多个，而祭祀游娱是其中较为重要的一个，这主要体现在苑囿和“台”这种园林雏形性质的构筑物。台是堆土四方而成，主要用来登高观天象、通神明、与天对话。先秦时期诸侯大量建造台，形成了“高台榭，美宫室”的风尚。汉代更加崇尚高台，人们认为神仙居住在高处，汉武帝时方士公孙卿曾说过“仙人好楼居”，即认为仙人都是居住在高楼之上，故汉代帝王和贵族豪强热衷于修建高楼。这些相关的思想意识都与园林的生成和发展有关系，而生成期的园林朝着风景式的方向发展，在思想方面有很多的影响因素，其中一个重要的因素就是神仙思想，与园

林的产生有关系的神仙思想主要是昆仑神话和蓬莱神话。

昆仑神话是中国神话的主体部分。昆仑之丘是古代诸神聚集之所，也就是神话中的“帝之下都”，其山水模式的基本特征是水（弱水）环山（昆仑山）的形式。据《淮南子》记载，昆仑山上更高的地方叫凉风之山，凡人到达这座山，就能长生不死。凉风之山上有黄帝的悬圃，凡人到此就能得到神通，可以呼风唤雨。悬圃上面就是天庭，凡人到达这里，就能变成神仙。昆仑北面的玉山住着掌管不死仙药的西王母，即掌管天灾、瘟疫、刑罚、杀戮的神，其早期的形象非常恐怖，《山海经》描述其为“戴胜、虎齿、豹尾、穴居”（图 1），“有三青鸟为西王母取食”。后来随着神仙故事的演变，西王母变成了赐福人间的神仙，雍容华贵的群仙领袖，再不能居住在环境恶劣的地方，于是人们虚构了一个美丽的环境作为她的居住之所，那就是瑶池。《穆天子传》讲西王母宴请周穆王于瑶池，《西游记》蟠桃会中的蟠桃成为与不死神药类似的物品，可见这种神仙思想的传承。

图 1　汉画像砖上的西王母形象

蓬莱神话是以海水和岛屿为中心的神仙思想体系。传说海上有五山：岱屿、员峤、方壶、瀛洲、蓬莱。这五座仙山，《列子 · 汤问》描述为“其山高下周旋三万里，其顶平处九千里，山之中间相去七万里，以为邻居焉。其上台观皆金玉，其上禽兽皆纯缟。珠玕之树节丛生，华实皆有滋味，食之皆不老不死。所居之人皆仙圣之种，一日一夕飞相往来者，不可胜数。而五山之根无所连箸，常随潮波上下往返”。后来，天帝安排 15 只巨鳌负载着 5 座仙山，但巨鳌被龙伯国的巨人钓走 6 只，它们背负的岱屿和员峤二山随波漂入北极，只剩下方壶（方丈）、瀛洲、蓬莱三山了。这种海外仙山的思想直接反映在早期的苑囿中，使得园林的水面承载了与神灵相连的含义，在造园的实践中出现的“一池三山”就是这种神仙思想的直接体现。

总之，神仙思想影响了古人的世界观，也体现在社会生活的各个方面，园林的早期雏形中也反映了这种思想的影响。昆仑神话恰恰代表了以山为主的园林要素，而蓬莱神话则代表了以水为主的园林要素。这些思想层面的内容融合在一起，使得早期园林的面貌和功能都不可避免地带上一些神异的色彩。

7.3 神仙传说与造园文化艺术

中国的神仙思想以世俗文化的形式深深地扎根在民间，渗透古代社会生活的各个方面，又通过民间信仰和风俗活动体现出来。另外，又以精神思想的形式向艺术创作渗透，给中国的文化艺术创作提供了非凡的想象空间，无论是文学、绘画、戏剧，还是建筑、雕塑和园林等，都能看到神仙或神话传说的影子。古典园林中的神仙思想，主要体现在仙境和神域景观模式，包括昆仑山模式、蓬莱模式（海上仙岛模式）和壶天模式（洞天仙境模式）。

7.3.1 布局模式

传统造园中表现布局模式在早期主要是法天象地，神山、仙岛和仙境等内容在园林中用多种方式按照比例随意组合，形成各种理想的景观。秦汉时期的帝王沉迷于求仙活动，常常模仿天象于宫苑中，建造了大批体象天帝之都的离宫别馆，造就了很多的“皇家仙苑”。《三辅黄图》载“始皇穷极奢侈，筑咸阳宫，因北陵营殿，端门四达，以则紫宫，象帝居，引渭水灌都，以象天汉；横桥南渡，以法牵牛”。《史记·秦始皇本纪》载“更命信宫为极庙，象天极，自极庙道通骊

山，作甘泉前殿”。汉代宫苑以法天象地作为设计原则的也有很多，班固《西都赋》描写西汉宫苑曰“其宫室也，体象乎天地，经纬乎阴阳，据坤灵之正位，仿太紫之圆方”，张衡《东京赋》曰“复庙重屋，规天矩地，授时顺乡”。这可以看出早期园林布局中的神仙思想。

7.3.2 一池三山

一池三山来源于蓬莱神话系统中的三座神山：蓬莱、方丈、瀛洲。由于方士们大肆渲染东海仙山及其居住的神仙和不死神药，秦始皇遣徐福等率童男童女入东海求仙药，求之不得，便在修建兰池宫时引渭水为池，池中堆蓬莱山模拟神仙境界，以满足其求仙的愿望，从而开启了秦汉建筑宫苑中求仙活动之先河。汉武帝在上林苑内建章宫作太液池，池中亦作方丈（方壶）、蓬莱、瀛洲诸山（图2），实际上也是模仿神仙境界。一池三山是延续历史最久的一种园林布局方式，始终受到历代造园者的喜爱而沿用，也成为后世创作宫苑池山的一种典范。如唐代大明宫太液池中就有一池三山的建置，清代皇家园林清漪园（今颐和园）、承德避暑山庄中都有一池三山的布局模式，就连杭州西湖都有一池三山的建置，寄托了人们的美好愿望。

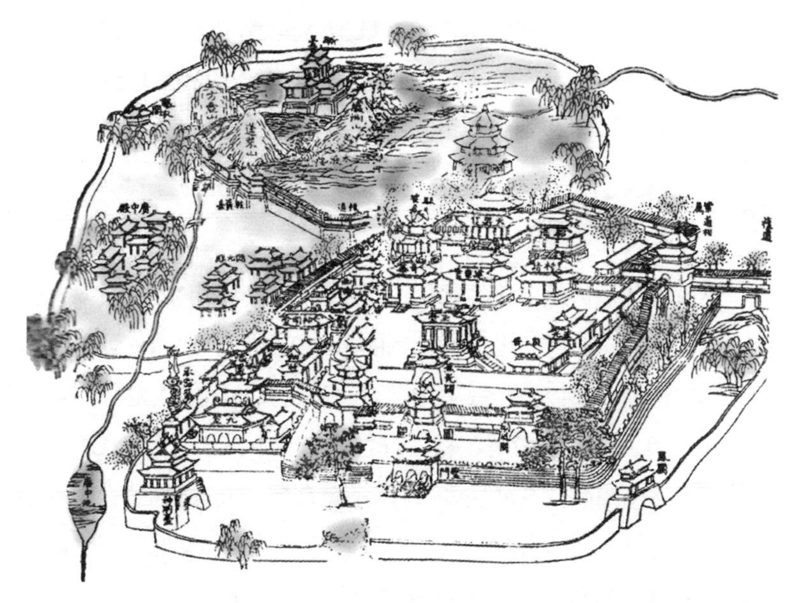

图2 汉代建章宫太液池一池三山

7.3.3 壶中天地

我国最早描写古人信仰的壶形宇宙观的是《山海经·海外北经》。其中描写的钟山，“钟山之神，名曰烛阴，视为昼，瞑为夜，吹为冬，呼为夏。不饮，不食，不息，息为风。身长千里。在无之东。其为物，人面，蛇身，赤色，居钟山下”。《礼记·郊特牲》里说“扫地而祭，於其质也，器用陶匏，以象天地之性”，这里“匏”是葫芦的古字之一，“陶匏”就是“陶葫芦”。“壶中天地”源自《后汉书》费长房的故事（图 3)，讲述了他与神仙壶公的故事。唐代明确提出“壶天”说，即壶中别有天地。宋代《云笈七签》中说，孔子弟子施存在五升容量的器皿中变化出日月天地，夜晚则住在其中，自号“壶天”。“壶中天地”“壶中天”“壶天”成为道教中仙境的代称，有很多仙境被称为壶天或者洞天。在园林的产生和发展过程中，“壶中天地”逐渐成为古典造园中重要的文化主题，从神仙思想慢慢演变成为一种创作手法，被广泛接受和运用。古代以文人士大夫为主体的造园者，自觉地追求在“壶中天地”的园林中观自然造化之妙，体万物自得之意，并在观物的过程中体会到自我与外物完全融为一体，感受到自身人格的完美，正如宋代邵雍所说“心安身自安，身安室自宽。心与身俱安，何事能相干？谁谓一身小，其安若泰山；谁谓一室小，宽如天地间”。古代园林中的洞门等可以表示别有天地的意蕴，壶天的思想也通过主题景观反映出来，如扬州个园的“壶天自春”、泰山的壶天阁等。

7.3.4 神仙故事

古典园林是传统文化的载体，反映神仙思想的形式有很多，如园林中的很多建筑如亭、台、楼、阁的名称以神仙思想为主题，园林中的装修和铺地等都以神话故事为题材，以此表达园主人对美好环境的追求和愿望。苏州东山雕花楼“春在楼”，融浮雕、圆雕、透雕于一炉，其上枋横幅雕“八仙庆寿”，两条垂脊塑“天官赐福”。天官是道教中三官之一,三官则是指“天官、地官、水官”，有把美好生活赐予人间的寓意。戗角吞头“鲤鱼跳龙门”，两旁莲花垂柱上刻有“和合二仙”，为美好、和谐的象征。留园东部揖峰轩长窗裙板上，雕刻着《封神演义》的故事；五峰仙馆和林泉耆硕之馆中的裙板上及园中部假山上可亭周围铺地上，镶嵌的则是“暗八仙”图案，用以发挥辟邪的作用，“暗八仙”指道教神仙中八仙各自手持的法宝，用以代表八位仙人。苏州狮子林“立雪堂”庭院西北角高墙上设了一尊仙人塑像，脚踩祥云，正笑眯眯地低头俯视着底下“狮子静观牛吃蟹”的石像造型。其他园林中装饰的图案还有海屋添筹、麻姑献寿等故事。这些园林中的神仙故事从另一个侧面揭示了神仙文化对园主人造园思想的深刻影响，以及对美好境界的想象和追求。

图 3　费长房壶中天地故事

7.4 结语

中国古典园林作为中国传统文化艺术的奇葩，从一开始就与中国的神仙文化结下了不解之缘。神仙思想描绘了一种理想的境界，与现实中的自然环境和住居场所有着千丝万缕的关系，在建造理想居所的过程中，神仙思想和文化也伴随着文人（知识分子）和工匠（民间）的造园活动深深地注入了传统园林的每一个角落。中国古代园林中随处可见神话故事或典故，造园的布局手法、设计理念也常常能体现出神仙思想，园林文化闪耀着神仙思想的光辉。

参考文献

[1] 周维权 . 中国古典园林史 [M]. 北京：清华大学出版社，2006.

[2] 孟兆祯 . 园衍 [M]. 北京：中国建筑工业出版社，2012.

[3] 刘敦桢 . 苏州古典园林 [M]. 北京：中国建筑工业出版社，1979.

[4] 苑坤 . 试论神仙文化与中国古典园林艺术——以苏州园林为例 [D]. 厦门：厦门大学，2009.

8　文人雅集及其与中国古典园林的关系

张宝鑫　袁　梦　张家良

雅集是中国古代知识阶层所热衷的社会交往活动之一，是中国传统文学发展史上重要的文学现象。作为文人进行文学活动的形式和载体，雅集以琴棋翰墨的艺术理趣和谈谑绝尘的文雅气质滋养着古代文人的精神生活。当前关于古代文人雅集的研究多集中于对这种文化现象本身及其社会背景的探究，或研究其在文学创作、戏曲书画等领域的重要意义，但在雅集活动的内涵和本质属性分析及雅集活动开展场地等方面则很少有人做出专门而系统的探讨。作为雅集活动的场所，园林与文人雅集的形成和发展存在不可分割的紧密关系，两者相互影响、相互依存。通过分析文人雅集的发展历程，总结文人雅集所蕴含的深层内涵和精神，探讨当前建设生态文明的大背景下，如何促进文人雅集和中国传统园林等传统文化形式更好地传承和发扬，启发对当前休闲文化的开展形式和发展方向的思考，从而更好地弘扬中华优秀传统文化。

8.1　文人雅集及其发展简史

8.1.1　文人雅集的概念

雅集一般是指文人雅士吟咏诗文、议论学问的集会，是古代文人雅士之间相互交流的一种文化形式。作为中国传统文学发展中的重要文化现象，雅集主要以诗、词、曲、赋、琴、棋、书、画等为媒介展开，包括了文学创作、艺术鉴赏、宴饮赏玩等丰富的内容。雅集作为文人精神交流的一种重要的活动方式，在中国文人群体中具有悠久的传统。

雅集，从字面上解释，是文人之间的一种高雅集会。“雅”在古汉语中与“正”同义，代表了规范和正途，现代则多指美好和高尚，与“俗”意义相对。“雅”作为中国传统文化中一个重要的审美范畴，是雅集这一行为最根本的属性，反映其基本特质。“集”指的是集会或聚会，是对其内容和形式而言。“雅集”一词因中国文化史上著名的“西园雅集”而知名，宋代文学家姜夔《一萼红・古城阴》中有“记曾共，西楼雅集，想垂杨，还袅万丝金”的词句。

雅集是一种文人参与并主导的文化活动形式。雅集活动中虽然也会有弹琴、品茗、闻香等其他雅事，但必须是以吟诗著文为主，由于活动参与主体的文人特质，集会才会上升到“雅”的层次。在不同历史时期，“雅”的内涵不尽相同。作为社会人文精神聚焦的特殊群体，文人群体的文化品位也会出现诸多新变化，雅集活动一直是历代文人津津乐道之事。

8.1.2 历史发展

随着中国社会的进步以及传统文学的发展，雅集作为一种文化现象开始出现，并逐渐演变成为历代文人雅士醉心其中的雅事，文人雅集的发展为我们呈现出一幅幅异彩纷呈、耐人寻味的精致画卷。雅集的发展反映了中国古代文人生活理念、生活态度、生活方式不断发展与转变的历史。

8.1.2.1 雅集溯源

雅集的雏形，大致起源于先秦时期。在我国最早的诗歌总集《诗经》中，就有许多描写聚会的诗篇。《小雅・鹿鸣》中有“我有嘉宾，鼓瑟吹笙”的宴饮场景描述，勾勒出最早的集会情景。《郑风・溱洧》

中描写了一群青年男女在上巳日修禊的时候，在溱水和洧水之旁相聚相乐、互诉衷情的场面。《论语·先进第十一》记述孔子询问子路、曾皙、冉有和公西华四个学生的志向，起初孔夫子对大家的回答不甚满意，曾点（曾皙）最后发言说“暮春者，春服既成。冠者五六人，童子六七人，浴乎沂，风乎舞雩，咏而归”，夫子喟然叹曰“吾与点矣”。孔子是非常赞许曾点暮春三月浴于沂水的郊游活动和方式，其中折射出的这种思想对后世文人在自然风景中开展吟咏等活动产生了深远影响。

这一时期，帝王和贵族作为垄断文化的群体，他们的集会多属宴乐宾客，文学处于尚未自觉的时代，并没有文人作为集会主体的突出特质。因此虽有很多关于宴集和聚会的历史记载，但这种聚会并不是真正意义上的文人雅集，只能看作是雅集的萌芽或雏形。

8.1.2.2　初期文人聚会

西汉以来，儒学思想的地位逐步得以确立，文人因文学才能而得到重用，在社会政治生活中的地位日益突出，出现了以文学为事业的文人群体。此时期出现了以帝王为中心，文学之士众星捧月般的宴饮集会，成为后世主臣游集的范式，吟诗作赋的活动为后世文人雅集定下了风雅的基调。如西汉时期由梁孝王主导、司马相如和枚乘等文人参与的聚会，辞赋创作成为聚会中的重要内容，雅集很多是在园林之中。东汉时期，节日民俗被文人吸纳成为集会的新主题，文人们品位高雅脱俗的群体活动也使节日民俗的文化内涵得到提升。魏晋南北朝时期，由统治者主导开展文人群体的各种集会，或讲论学术，或整理各类著作，或举行佛事活动，而宴饮游集、诗酒言欢最为常见。建安时期由曹丕主导的邺下文人宴游集会成为当时文学发展的象征，被后世文人视为典范而受到推崇，文人群体自觉的文学观念和诗歌创作的实践与交流成为集会的重要内容，为处于发展阶段的文人雅集赋予了更多的文学内涵和形式。这一时期，真正由文人自发组织而无政治因素在内的雅集活动的典型代表是西晋石崇等组织的金谷园宴集、东晋王羲之主导的兰亭修禊盛会以及魏晋之际的“竹林七贤”集会。雅集中的山水游玩之乐、音乐相伴之趣也为后世雅集活动所继承和发展，文人雅士以诗、词、曲、赋、琴、棋、书、画等为主要媒介，在与他人的交游唱和中抒发心志理想，“竹林七贤”集会参与者之间，更是体现了聚会的平等性与随意性，代表着一种新的类型。

8.1.2.3　定型时期

初唐时期，文人集会仍然以皇家和宫廷为中心，中唐以后随着科举制度的确立，科举文人群体间的集会开始逐渐代替宫廷文人集会成为文人雅集的主体。此时期文化已不再完全为上层社会所垄断而向更广泛的社会阶层传播开来，越来越多庶族出身的人通过科举加入文人群体，各级官员多由文人来担任，形成了文人士大夫阶层，同时也有更多的文人因科举失利，或寄身幕府，或流寓江湖，或归隐于田园。文人群体内部的层次也更加细化，不同层次的文人群体有不同情况的集会。随着文人群体的不断扩大，文人间的交往活动更加密切复杂，文人雅集的主体也逐渐囊括了文人群体的各个层面，文人雅集的交际功用变得突出，集会主题不断丰富，集会功能得到全面开发，可以说文人雅集的范式到唐代已经大致定型。唐代文人集会出现了更多专门化的集会新主题，比如严维、吕渭等举行的松花坛茶宴、白居易在唐玄宗会昌五年（845 年）三月于洛阳组织“香山九老会”，这些著名的雅集无论是内容还是形式都对宋代文人雅集产生了不可忽略的影响。

8.1.2.4　成熟时期

宋代以来，文人社会地位提高，文人群体活动的自觉意识增强，谈文论画和宴饮品茗等成为文人雅士日常生活的重要内容，雅集成为文人雅士的一种生活方式，雅集活动更加频繁，此时期雅集活动中完全确立了文人群体的主体地位和主导作用。宋代文彦博在洛阳集年高者做“洛阳耆英会”，王诜与苏轼、米芾等文人雅士组织西园雅集，自此园林中的雅集风习，一直延续至明清乃至近代。在这一过程中，文化层的中心不断下移，雅集参与者的来源不断扩大。元代民族矛盾日益滋长，大批文人退隐山林，隐逸之风盛行，雅集活动日渐转向民间。元末明初，在经济发达、文化渊薮的东南一带，资财雄厚而无心

仕宦，却又雅好艺术的文人经常举办雅集活动，形成了著名的玉山雅集等影响深远的文人雅集。到明代中晚期，随着整个社会的经济方式、思想观念和生活趋向多元化，文人雅集的活动继续绵延与创新，文人的雅化生活情调也随之发展到新的高度，雅集活动进入成熟阶段。文人在聚会中将吟诗作画、谈禅品茗、狂歌豪饮、纵情山水等传统名士行径发挥到极致，雅集活动风行全国，以杏园雅集等为代表，形成了极具特色的中国传统雅集文化。

8.1.3　历史著名的文人雅集

8.1.3.1　兰亭修禊

东晋永和九年（353 年），著名书法家王羲之与谢安、孙绰等江南名士 42 人，聚于会稽山阴之兰亭，作曲水流觞的修禊活动（图 1）。这次集会 25 人所作诗歌 37 首，合为一集即《兰亭集》，王羲之和孙绰分别作序。兰亭集序中描写春景之美、嘉会之乐和对自然之道的领悟，所流露的乐极之后的感伤情调，与王羲之飘逸的书法，交织着散发出独特魅力。兰亭雅集的格调情趣与文人群体对自身集会品格的要求相符合，其后的文人集会开始出现山水游赏主题。

图 1　明·文徵明《兰亭修禊图》

8.1.3.2　香山九老会

唐会昌五年（845 年），白居易在故居香山（今河南洛阳龙门山之东）举行了两次著名的聚会（图 2）。第一次是当年三月，与会者共七人，年纪最大者为原怀州司马胡杲（89岁），最小者为白居易（74岁）。当年夏天，白居易又一次举办文会，与宴者新添两位高寿老人，136岁的李元爽和95岁的僧如满。因白居易晚年号香山居士，故又称之为“香山九老会”。志趣相投的九位老人，退身隐居，远离世俗，忘情山水，甘于清淡。聚会中序齿不序官，开创了极具平民意识的“尚齿之会”。香山九老会有诗酒唱和的内容，是古代怡老诗社之祖，后世有很多文人士大夫仿效白居易香山九老会结社赋诗相乐，如宋代文彦博主导的洛阳耆英会。

图2　明·谢环《香山九老图》

8.1.3.3　西园雅集

宋元祐二年（1087年），驸马都尉王诜在其西园与苏轼、王晋卿、苏辙、黄庭坚、李公麟等十六位文人高士，在园林中作诗、绘画、谈禅、论道，极尽雅集宴游之乐，史称“西园雅集”。传当时画家李公麟作《西园雅集图》记录这次文人雅集盛况（图3）。西园雅集以其汇聚当时文人超强阵容和盛会交流中所表达出的超然物外的精神追求，成为中国文学艺术史上具有重要影响的文人雅集。

8.1.3.4　玉山草堂雅集

元末顾瑛主持的玉山草堂雅集，是元末吴中地区（今苏州一带）有极大影响的文人雅集活动，持续十多年，参与人数达上百，以其诗酒风流的宴集唱和被《四库提要》赞为“文采风流，照映一世”。玉山草堂雅集融诗、书、画、园林等多种艺术于一炉，主张艺术至上，无功利羁绊，映射出元末文人张扬个性的精神取向，是古代文人雅集的高峰。与其他雅集不同，玉山草堂雅集非官僚和士大夫为主的聚会，

是一次纯粹的文人聚会，它继承并超越了传统的雅集，将文人人品与时代语境有机统一，开创了诗意盎然的雅集境界。

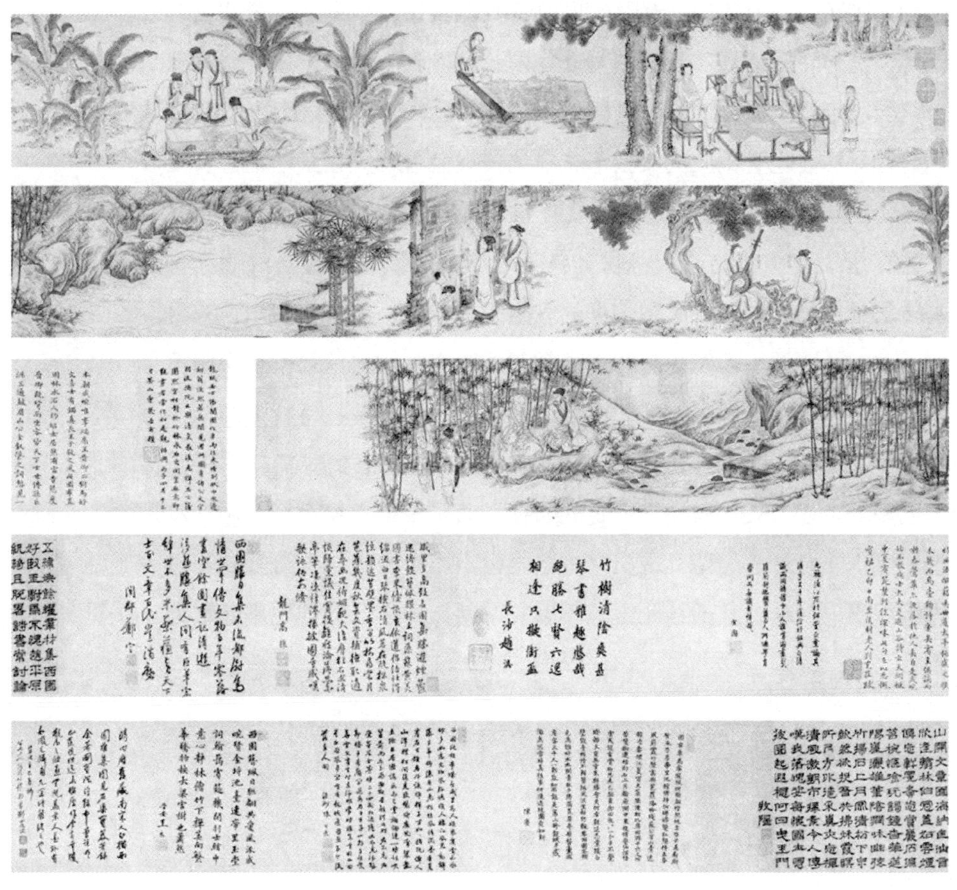

图3　宋·李公麟（传）《西园雅集图》

8.2　文人雅集的本质与内涵分析

8.2.1　形式与内容

雅集作为古代文人间交流情感、探讨学问、传播思想的重要载体，以其丰富多彩的形式、文采风雅的内容、超凡脱俗的情怀滋养着文人的精神和气质，成为古代文人交往中不可或缺的一环，为历代文人所向往。

文人雅集的外在形式，是文人雅士在优美闲适的环境中进行聚会，以诗词唱和作为主要内容，凸显的主要是文人与文学的永恒主题；除了诗词唱和，还有弹琴、品茗、闻香等其他雅事，但是活动最主要的内容仍然是吟诗著文。普通文人聚会并不等同于雅集。

与雅集相类似，在文学发展史上也出现了诗社等文人聚会的形式，其他社会群体也有相应的集会形式，这些集会与雅集在某些地方有相似之处，但也有很大不同，文人雅集不同于其他社会群体集会的关键，首先在于集会主体的文人身份。在不同历史时期出现过各种“社”，本质上是把具有共同兴趣和信仰的人组织在一起，从事有组织、有目的活动的社团组织，如东晋时期高僧慧远在庐山的白莲社就是中国古代第一个以“社”命名的社团组织。除此之外还有各种诗社。结社不等同于雅集。从聚会的形式上来说，结社在组织上相对集约，有基本成型的章程，入社时会有一定的条件，而雅集相对松散、自由、灵活，可以随时加入。诗社成员间有些聚会不属于雅集，但诗社成员也可组织雅集活动，其他社团组织不以文学创作为主题的则更不能称为雅集。

8.2.2 基本属性

8.2.2.1 前提是必须有文人参与

纵观中国文学发展史和雅集活动产生与发展的整个历史过程，雅集活动是由文人参与并主导的一种文学和社会现象。因为知识阶层占有“雅”文化的主导权，这一阶层在先秦时期是贵族集团，后来不断地向文人士大夫集团转化，文人群体或者知识阶层参与并占据主导地位的聚会才被称为雅集。

8.2.2.2 以文学创作为主要内容

文人雅集与古代文学创作之间关系密切，深刻地影响了传统文学的发展。而且，以文人群体唱和为主的创作活动多有同一主题的作品结集产生，早期诗文集的形成便可能与这种文人集会有密切关系。雅

集活动虽有品茗、书画等活动，但是活动的中心内容仍然是文学创作与诗词唱和。

8.2.2.3 体现组织性和娱乐性

在历史上每次著名的雅集活动都有至少一位组织者或召集人，或者是帝王，或者是贵族士大夫，后期可能是当时的文坛领袖，包括明代以台阁为主的雅集（图 4），集会参与者的声望提高了雅集活动的影响力。在雅集当中，除了吟诗弄文等传统文学意义上的内容，也有饮酒品茗、挥毫泼墨、弹琴度曲、品赏古玩等活动，雅集有浓厚的娱乐性。

图 4 明代《十同年图》

8.2.2.4 体现开放性与平等性

雅集与文人其他聚会形式不同，参与集会的人数也不固定，以文学创作、诗词唱和为主要内容，活动追求的是一种非封闭的氛围，无论是空间的还是非物质的，均源于具有共同的爱好参与聚会活动。参与者围绕诗词歌赋等可以自由发挥，吟诗作对，品茗娱乐，不论年龄、官职，追求的是在文学层面上的一种平等参与性。

8.2.2.5 反映思想性和时代性

雅集所折射出的自由的学术空气和超脱的潇洒恰恰反映了文人们所追求的理想氛围和境界，因此历代文人将之作为理想化的精神家园而孜孜追求。雅集背后展现的是这一时期的社会潮流和时代风貌，雅集在一定程度上反映了当时的文人心态和文学创作的基本面貌。

8.2.2.6 追求优美环境与场地

由于参与者本身对高雅生活和理想旨趣的追求，历代文人开展文学雅集活动的场地主要集中在王朝统治的中心地区或处于离中心地区不远的风景优美之地。如西晋石崇的金谷园之集选择在洛阳城郊的河阳别业，东晋时期的兰亭修禊盛会选择在风景秀美的绍兴兰亭，西园雅集、杏园雅集等都发生在私家园林中，这些场所在园林发展史上因雅集活动而更加知名。

8.2.3 雅集的文化内涵

8.2.3.1 根源是中国传统“雅”文化

雅集的产生和发展演变根植于中国传统的“雅”文化，“雅”从文化品格上来说，是一定文化层次与文化修养的群体更高层次需求的体现。作为雅集活动文化内涵的构筑者和承载者，文人以诗酒之娱表达闲雅之趣，以才命之叹表达不遇之情并借此宣泄压抑的情感，以淡泊自守表达隐逸之情，他们往来交游的情感纽带和诗酒酬唱的主题心态共同影响着雅集活动的文化氛围。

8.2.3.2 本质是追求文化上的认同感

文人以诗文创作为主题，因缘聚会，咏诗作文，激发了其文学创造力。作为文人交往的一种交流形式，雅集之所以能够把文人聚集在一起，是因为雅集具有一种文化力量，文人在其中所追寻的，正是一种文化上的认同感。这种文化力量将文人聚在一起，成为文人群体的共同追求。文人群体在雅集中追求的精神认同和情感释放彰显的正是一种真契相谐、濡沫相依的文化内涵。

8.2.3.3 彰显了文人高雅的审美意趣

中国古代审美以“雅”为尊，诗词创作作为“雅”的重要表现形式，成为古代文人理想的审美体验方式，作为自由展现内心世界的重要平台，雅集活动充分表达了文人的审美精神。文人注重个人的修为、内心的感受，通过寄情山水的实践活动取得与大自然的谐调。在陶冶文人雅士性情的山水风景中开展雅集活动，无论是文学创作本身还是场地选择等无不彰显出文人高雅的审美意趣。

8.2.3.4　成为文学发展的重要推动力

雅集活动通过文人的相互交流推进了文学艺术的发展，一方面分散的、单独的文人创作转换成集体创作，不同出身、不同风格的文人切磋诗艺，各展所长，这对文学创作技巧的共同提高无疑是一种促进。另一方面雅集活动扩大了文人交往的范围，扩大了文化创作活动的影响面，也带动整个社会文化品位的相应变化，这在一定程度上也促进了社会思想的解放和文学艺术的繁荣。

8.3　文人雅集与古典园林的关系

中国园林有三千多年的发展历史，伴随着社会文化发展及人们对理想家园的追求而逐步成为博大精深、独树一帜的世界文化遗产，被誉为东方文明的有力象征。中国园林具有诗情画意，被称为地面上的文章，造园如作诗文。园林是古代文人现实中和心灵上的双重诗意栖居之所，雅集活动与传统园林的结合掀开了文人雅集史上新的篇章。

8.3.1　园林为雅集提供理想场所

8.3.1.1　可居、可游、可赏的理想栖居之所

中国园林是可居、可游、可赏、体现人格追求和精神世界的场所，是历代文人孜孜追求的理想家园，文人通过寄情山水，追求与大自然的和谐，享受山水之趣。文人作为雅集活动的主体，与园林的关系犹如鱼水相得。园林“令居之者忘忧，寓之者忘归，游之者忘倦”，其中多样化的景观元素和底蕴深厚的文化为雅集活动开展提供了丰富的基础条件，满足了开展雅集活动的多元化需求。

8.3.1.2　放松身心提供自由创作氛围

园林是时空综合的高雅艺术，运用各种构景要素营造出了城市山林的景观氛围。不同于建筑内部相对封闭的室内空间，园林空间体现了“师法自然”的哲理，在其中游憩、赏景的人能够有亲近自然的感觉，正如《世说新语》中简文帝入华林园，“会心处不必在远，翳然

林水，便自有濠濮间想，觉鸟兽禽鱼自来亲人”，在其中开展雅集活动等能够充分地放松身心，无所拘束地进行文学创作。

8.3.1.3 具有诗画情趣激发创作动力

园林通过各种要素组合分隔空间，融时间艺术的诗和空间艺术的画于园林艺术，产生了直观景观效果和意境体验。当具体的、有限的、直接的园林空间景象融汇了诗情画意与思想、哲理的精神内涵，便升华为意象之美，散发出独特的艺术魅力，给人更为深广的美感享受。在如诗如画的园林中开展雅集活动，符合风景审美的高雅要求，能够激发文人的创作激情。

8.3.1.4 交通便捷利于聚会场所可达

园林是随着社会发展和城市化发展逐渐形成、发展和演变的，浸润于中国传统文化中。园林多位于城市中或选址于风景优美的城市近郊，对聚会而言具有交通便捷的特点。历史上著名的文人雅集活动，多发生在这些交通便利、风景优美的园林中，交通便捷增加了这些场所的可达性，如东晋兰亭修禊选址绍兴近郊的兰亭、宋代西园雅集和明代杏园雅集皆位于作为园居场所的私家园林中。

8.3.2 雅集促进了园林的发展

8.3.2.1 文因景成从而使景以文传

雅集成为中国历代文人交流思想、探索内心世界的最理想方式，从而成为中国文化活动中值得珍视的重要内容。园林雅集之会，是中国古代游赏园林的一种特殊方式。文因景成，雅集盛况被后人传为佳话，留下了不少文学名篇；景以文传，优美的园林景观也因雅集及其创作的名篇而得以流传并为后人铭记。

8.3.2.2 对园林艺术思想产生的影响

由于文人与传统园林关系密切，大量文人墨客参与造园，使中国园林富于诗情画意。文人在园林中开展雅集活动，通过文人名流的雅

集盛会和诗文唱和所流露出的审美趣味，给予当时和后世的园林艺术以深远的影响，如东晋兰亭修禊所引出的曲水流觞作为一种文化现象，逐渐成为园林艺术中重要的文化和景观要素。

8.3.2.3 增添了园林景观文化内涵

参与雅集的人多是历代的文人名士，他们除了探讨文学创作、诗词歌赋唱和外，也品玩山水风景，影响审美意趣。在历代的传统造园中，园主人或造园者常常将一些文学名篇或经典诗文融入园林环境中，使园林的意境更加深远，也提升了园林景观的文化内涵，使得园林环境更加雅化。

8.3.2.4 促进风景名胜游览区开发

文人在风景优美的园林中诗词唱和，以其很高的文化修养、艺术趣味和鉴赏自然美的能力，对于当时造园艺术的水平提高起到一定的促进作用。文人开展雅集活动的近郊风景游览地，因雅集而提升了知名度，逐渐增加了园林化的点染，从而具有了公共园林的属性，这在一定程度上带动了风景名胜区的开发和利用。

8.4 结语

文人雅集所代表的超脱自由和执着探索内心理想的精神，正是当今充斥浮躁的社会文化背景下，全社会普遍存在的浮华心理状态和内心世界所无法企及和缺失的。在经济社会快速发展的今天，文学艺术与商业的结合得越来越密切，在拜金主义的控制下，一些人与雅致的追求渐行渐远。传承自雅集活动的文学和艺术沙龙商业气息越来越重，同时也掺杂了越来越多的炒作之风，有一些人借雅集之名行炒作出名之实，雅集逐渐在现代人的视野中变味和迷失。

传承发展的文人雅集为当今文学创作和艺术交流提供了一种理想的范式，可作为现代人追求自由、追求和谐、追求品质的生活方式。通过研究传统的雅集文化，探索其最本质的精神和文化内涵，为现代人提供思想和文化交流的重要形式，能够在一定程度上改变浮躁的社会风气；努力结合传统园林与雅集文化，使文学创作等文化活动能够理性地回归雅致的本位，使传统园林和传统文学焕发新的生机，同时为紧张焦虑的现代人的生存与交流塑造一个完美的人文和休闲佳处。

参考文献

[1] 赵琨 . 玉山雅集研究 [D]. 保定：河北大学，2007.

[2] 裴丽曼 . 西园雅集研究 [D]. 保定：河北大学，2009.

[3] 王友群, 丁太勰 . 曲水兰亭　风雅古今——论东晋兰亭雅集之传播效果 [J]. 阜阳师范学院学报（社会科学版），2014（3）：142-146.

[4] 张儒，张爽 . 文人雅士的理想家园 [J]. 文艺生活，2012（1）：72.

[5] 汪国林 . 宋仁宗朝文人雅集唱和与宋诗变革 [D]. 兰州：西北师范大学，2007.

[6] 安艺舟 . 明代中晚期文人雅集研究 [D]. 北京：中央民族大学，2012.

[7] 周维权 . 中国古典园林史 [M]. 北京：清华大学出版社，2003.

9 从外销瓷看中外园林文化交流

张 满

瓷器是古代劳动人民的一个重要的创造，中国是瓷器的故乡。陶瓷在中国古代史上占有重要地位，相关研究也十分丰富。伴随着中国古陶瓷在国外不断地被发现，国内外针对外销瓷的研究也逐步展开。在外销瓷的瓷面上，丰富的历史信息充盈其中，而瓷面上常见的中国古典园林的山水意境正是东方文化的典型代表，其中所蕴含的园林图景在今天看来传递了大量时代的信息，不仅具备传统古典园林的要素，在后期一些西方制作的中国式瓷器上，更为当时世界对东方园林的理解与重构提供了思路与视角。

9.1 外销瓷向外输出的历史

外销瓷大多并非官窑，但其制作之精良并不逊色于官窑制品，其作为商品对外贸易于明清之际达到巅峰，而这一时期也是中国制瓷技术集大成的阶段，各项技术趋于成熟，代表了中国制瓷的较高水平。同时，外销瓷的兴衰可谓是海运贸易、中外交流甚至外交关系变化的缩影，具有传统内销陶瓷所不具备的特殊历史意涵。

伴随着考古工作的新发现，越来越多的外销瓷不断地出土，在文献之外有着更多的物证，这些考古发现极大地丰富了中西方文化交流的历史面貌。在宋代以前的较长历史时期，中国的对外交流主要是通过西域来完成的。西域不仅成为一条通道，还成为一处重要的目的地。到了宋代，政权的重心南移，航海业逐渐得到发展，南海逐渐取代了唐以前西域的位置，成为中国与世界交流的新窗口。

中国瓷器早期在域外传播的历史可以追溯到魏晋南北朝时期，朝鲜半岛在此时已经掌握了制作釉陶的技术，而日本也经由百济间接接触而掌握了手工制瓷的技术。但这一时期瓷器的对外传播，更多地并非以贸易的方式进行，同时，瓷器在制作之初并非是针对对外贸易的指向，这两点可作为判断其是否为外销瓷属性的依据。

虽然中国的陶瓷生产有着漫长的历史，但其中有较长一段时间一直是烧制低温釉陶，直到唐代才有高质量硬瓷的出现，一度形成南青北白的局面，并为宋代制瓷业的繁荣打下基础。而恰恰也正是唐代，伴随着中外文化交流的繁盛，中国传统瓷器的外销迎来了第一个高峰。这一时期面向的海外市场主要经由陆路到达中亚、西亚等地。除了朝鲜半岛以及日本延续之前的海路获得中国的瓷器外，8 世纪以后，中国与阿拉伯地区之间的海路发达起来，瓷器开始主要通过海上传播。海上丝绸之路主要是指 1840 年之前中国通向世界其他地区的海上贸易通道，由两大干线组成：一是从中国通往朝鲜半岛及日本列岛的东海航线；二是从中国通往东南亚及印度洋地区的南海航线。海上丝绸之路把相隔万里的不同文明奇妙地联结在一起，既丰富了彼此的文化内涵，同时也在诸多意想不到的层面悄然影响着历史的进程。

直至元代，从东南亚到北非的沿线都有发现中国的瓷器，著名的元青花更是多于海外存世，国内却极少见到，这也从一个侧面说明了当时瓷器外销贸易的重要性与发达程度。瓷器的对外贸易快速发展，到宋代已经达到了相当的规模，宋瓷对外贸易的规模和数量等已远非唐朝可比，这一方面是由于宋代制瓷技术的发达，另一方面则是由于造船技术的发展带来了海上航运的繁荣，瓷器成为了东西方文化交流的重要内容。

元朝时，从波斯萨珊王朝获得的钴料为传统素白胎的瓷器增添了令人惊艳的蓝色，而中国传统瓷器中正缺乏这种可以更好地表达穆斯林风俗与情感的颜色。而钴料的传入，正好填补了这一元素的空白。于是，这一时期中国传统制瓷匠人创造了大量仿效穆斯林日常生活及宗教生活当中所需的用具，大多呈现厚重的形态，这不仅符合群体聚餐时的使用习惯，同时还为长途运输中不易破碎提供了有利条件。众多瓷器绘有充满伊斯兰风情的几何纹及花纹图案，除了具有符合当地民俗风情的图案外，又糅合了中国传统山水文化，这些瓷器经过长途跋涉被带至异国他乡，能够想象得出当地人非常喜爱这些精美的瓷器。元明时期，大量青花瓷出口中东地区，作为不同国家历代的王公贵族所珍爱的收藏品，见证了苏丹帝国、奥斯曼帝国等国家的沧桑变迁。随着大航海时代的来临，葡萄牙与西班牙这两个最早崛起的海洋大国，伴随着征服海洋的历程，也开辟了主动与中国贸易通商的历史。曾经在海上驶过的众多大小船只，有一些遭遇了沉没的命运，而这些船只则在现代的考古发掘中被打捞上来，经历多年海水浸泡的瓷器重见天日，光彩依旧，再次焕发无限的魅力。

这一期间，中国销往欧洲的瓷器，从非皇家贵胄无从获取的高昂奢侈品，到走入平民百姓家的日常用具，欧洲的瓷器市场逐渐平民化。以克拉克瓷为代表，纹样清新活泼、自然随意，突破如纹章瓷等刻板庄重的印象，以更具亲和力的面貌悄然占据了海外市场。

海外繁盛的需求促进了国内生产的流程。西方一位名为殷弘绪的神父的信件中，描述了中国瓷工流水作业的场景：“在工场里绘画工序分工合作，一个画工只在器口画上色圈，另一个人画上花朵，由第三个人上色，这个人画山水，那个人画鸟兽。”这让人不禁觉得走进了资本主义初期的具有一定规模的小型工厂，这种流水线式的作业方式，无疑是数百年间中国与海外不断的瓷器贸易催生的结果。海外市场的繁盛需求激发了国内市场做出变化以提高产能应对需求（图 1、图 2）。

图 1　外销画中瓷器制作流程之一

图 2　外销画中外销瓷运输前包装流程之一

明朝开国伊始便订立了严格的海禁政策。主要原因是元末各路将领、民间反抗势力很多逃亡海外，据海以抗初创的大明王朝，而对于新的统治者来说巩固新生政权是至关重要的。在对东南沿海的反抗势力进行彻底清剿之后，明朝开始实行由皇帝主导的朝贡贸易。郑和船队七下西洋便是在这一背景下展开的，其规模之巨、航程之远，在当时而言都是极为壮观的。与此同时，民间私人的海上贸易仍然不被允许，据《明实录》记载，洪武四年（1371 年），朱元璋颁布诏书“仍禁濒海民不得私自出海”，在严厉的政策之下良民没有敢私自出海者（图 3），这种海禁政策一直延续到隆庆元年（1567 年），福建巡抚涂泽民上疏请求开放海禁，准贩东西二洋，得到皇帝的批准，于是海上贸易重新开始，而此时海禁政策已经实行了将近二百年。

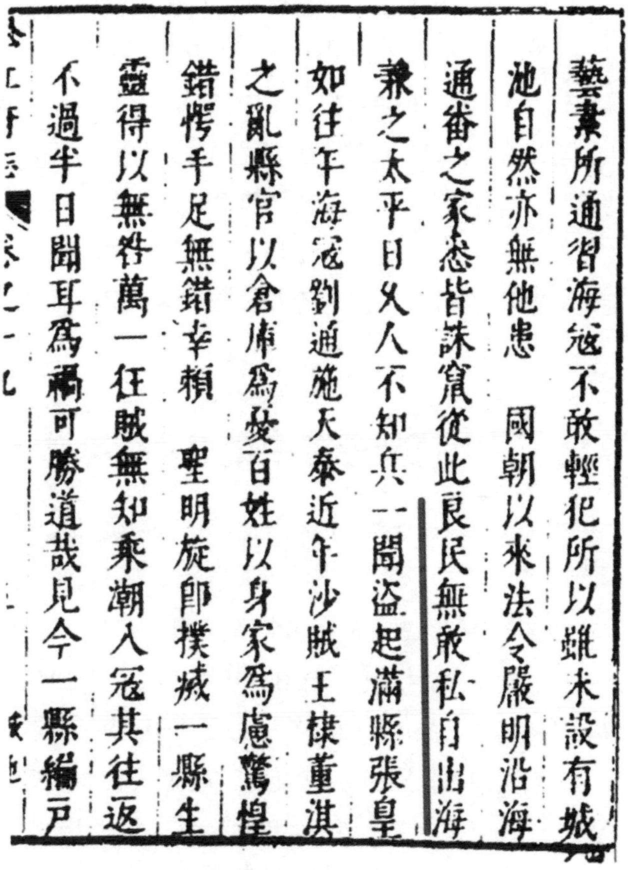

藝素所通習海寇不敢輕犯所以雖未設有城
池自然亦無他患 國朝以來法令嚴明沿海
通番之家悉皆誅竄從此良民無敢私自出海
隸之太平日久人不知兵一聞盜起滿縣張皇
如往年海寇劉通施天泰近年沙賊王棟董淇
之亂縣官以倉庫爲憂百姓以身家爲慮驚惶
錯愕手足無錯幸賴 聖明旋即撲滅一縣生
靈得以無恙萬一狂賊無知乘潮入寇其往返
不過半日鬬耳爲禍可勝道哉見今一縣編戶

图 3 明《崇祯松江府志》载“从此良民无敢私自出海”

清代的情况与明朝很类似，清朝刚建立时，由于海外反清势力的存在，清政府实行了严格的海禁政策，主要目的是遏制反清势力与大陆居民之间的暗通条款，“片瓦不许下水，粒货不得越疆”政策的实施，使得郑经死守的台湾孤悬海外，终于在康熙二十二年（1683 年）

被收复，台海总督姚启圣旋即上旨请求开海。由于之前的禁海最主要的原因就是制裁台湾，一旦这个危机解除，康熙二十三年（1684 年）便奏准姚启圣之请求，重新开海进行贸易。

明代长时间的海禁，以及清朝短暂的禁令期，束缚了海外贸易的发展，海禁政策一经解除，积蓄日久的市场需求得到释放，海外贸易迅速恢复。明代隆庆年间贸易港口仅有福建漳州月港一地，发展到清代有广州、泉州、宁波、上海四地为贸易通商的重要口岸，海上贸易的大门便敞开，带来了外销瓷等外销商品生产和销售的繁荣。

从众多国外的著述、游记中可以看到，西方对于中国瓷器的需求量十分巨大。在一些西洋的油画中我们可以看到对于当时广州港的描绘，已经泊进港口的船只，即将靠岸的船只，还有已经满载货物驶离的船队，鳞次栉比，几乎填充了整个画面。无论是画作还是著述，都依稀可见往日盛景。而正是这巨大的对于中国传统外销瓷的需求，为通过瓷器向海外世界展示一个中国传统山水园林的文化提供了途径与可能。

9.2 外销瓷纹饰中的山水园林

在东西方通过陆路、海路长时间进行物质交流互通有无的历史进程中，诸如茶叶、丝绸、瓷器等都作为文化的载体源源不断地漂洋过海，带去东方的气息。而在这众多各具特质的文化使者之中，瓷器尤其显得与众不同。相较于其他物质门类而言，瓷器在日常的使用频度高，适用场景广泛，对使用者而言视觉的冲击无处不在，瓷器的生产工艺包含着技术长期积累下的创造与革新，瓷面所描绘的图景则更是蕴藏了极为丰富的文化要素。凡此种种，都决定了瓷器在东西方文化交流中扮演着重要角色。在中国历史悠久的陶瓷史中，出口到世界各地的瓷器，统称为“外销瓷”，它们或在烧制之初便是以出口为目的，或是本为供应本土，因不同原因而流至海外，成为海外争相抢夺的宠儿。而吸引海外的，不仅是作为瓷器本身的精良制作，更重要的是其纹饰当中所蕴含的大量东方文化的典型代表：中国传统山水园林。

外销瓷中的山水纹饰，也经历了一个不断丰富的过程。早期部分外销瓷中的山水纹饰，是作为人物画的背景出现的，假山、树木、庭院的栏杆等并不处于突出的位置。而后期一些外销瓷中的山水纹饰，与明清时期山水画的构图已十分相似，用简洁的笔触勾勒出山水园林的意境。并开始出现一些独立的山水园林的风景纹饰，通常有远处的山岭、亭台楼阁、水中的倒影、水畔的垂柳，以及并不突出的行人。再到后期，山水庭院的描摹越发细致，当中也逐渐丰富了诸多细节，如花鸟动物的纹样刻画活泼生动，更多地传达了东方的文化元素。

外销瓷达到鼎盛的明清时期，独立的山水纹饰在外销瓷中占比提高，文人士大夫的雅文化通过山水园林意境得到很好的表达。这种人与自然和谐共处的观念，自老子的“人法地，地法天，天法道，道法自然”伊始，贯穿于整个中国传统的天人观念，这与西方的崇尚个性、征服自然的理念产生差距，而这样一种“异文化”所带来的不仅仅是直觉差异产生的“距离美”，更有着不同背景的文化在形而下的层面相互碰撞带来的审美冲击（图 4）。

图 4　清雍正青花人物风景纹盘

在向外输出的大量外销瓷中，无论海外的市场需求如何变化，对于东方元素中山水园林的渴求从未衰减，因此，中国传统园林中所追求的“虽由人作，宛自天开”的造园意境，得到长久的表达与展现，一山一石、一草一木、一亭一台、一泉一池，无一不散发着浓郁而独特的东方气质（图 5），吸引着众多的收藏者。

图 5　明万历克拉克花鸟纹大盘

从文物的角度看，除了瓷面的山水纹饰外，外销瓷裹挟了极为丰富的历史信息，而这些都与中国传统山水的气质交互共生。从外销瓷的纹饰看，其不仅包括常见的青花、中国传统山水庭园、中国传统植物花鸟纹饰、中国传统故事，还有大量并非中国传统画面内容，如西方家族纹章、西洋宗教题材、克拉克瓷开光纹、柳亭纹饰、阳伞等一系列定制或仿制而产生的迎合海外市场的纹样图案。从器型上看，不仅有传统的盘、碗、瓶、罐，还有装饰瓷画、咖啡杯等，很多只有在穆斯林地区或西方生活场景下才会用到的器具。从某种意义上说，中国的粉彩就是在欧洲珐琅彩的影响下产生的。清雍正时期在高额利润的刺激与官窑的影响下，景德镇引进欧洲的珐琅彩，并将其改为更适

合工匠彩绘的粉彩，同时还引进西洋画法，墨线、铁红彩等就是在西洋画法的影响下形成的。而与此相对，如荷兰的代尔夫特釉陶、日本的伊万里、德国的迈森、英国的韦奇伍德、法国的利摩日瓷与塞夫勒瓷等颇负盛名的外国仿制瓷器，无一不见证了中国传统瓷器外销在世界范围内所产生的巨大的文化回声。

此外，大量的瓷器进入异域，从只有富贵人家才能消费得起的奢侈品，到各个阶层都可以拥有的日常器具，这些洋溢着东方风情的瓷器，被作为贵重的礼品互相馈赠，成为王室正式场合的用品，频繁地出现在欧洲的日常餐桌上，这些东方的文化使者裹挟着巨大的魅力漂洋过海而来，由此带来的影响不言而喻。

9.3 东西方自然观与园林文化的碰撞

在数百年间的交流中，中国传统瓷器在文化上不是仅仅一味地输出，而是基于海外市场的需求不断地调整、模仿、学习、创造。同时，外国的制瓷不仅在制作工艺上，更在文化、审美上深度吸收了中国的传统文化要素，也经历了从单纯的模仿到融合创新的过程。

西方在经过长时间的摸索之后，终于掌握了相对成熟的瓷器烧制技术，加上完成工业革命的欧洲社会，脱离传统手工业制作，开始走向高效能的机械化大生产，传统的技艺插上科学的两翼，欧洲逐步得以实现瓷器的批量生产，于是19世纪后半叶，瓷器外销贸易的式微终究是显现了。西方人在获得制瓷的技术之余，开始模仿中国山水园林的画面，在试图模仿东方元素的同时，其创作中又融入了西方当时已经十分成熟的透视技法，让整个画面十分具有立体性，但庭园花草的描绘依然显得较为生硬。但无论如何，其依然抓住了中国山水园林所要表达的部分精髓（图6～图8）。

西方人眼中的中国风景，起初大多源于想象，而通过直观的视觉对中国风景产生切合实际的认知，外销瓷是极为重要的途径。瓷面上山水楼阁的纹饰，富有东方气息的亭台楼阙，飞檐与亭榭，栏杆与廊柱，婉转柔美的小桥流水，这些为背景，当中则绘有婀娜多姿的细腰美人，或短笛牧童的清新淡雅，垂钓水畔的怡然自得，山谷中弹奏古琴的隐逸士人，这些人物为整个画面又平添三分灵气，这些山、水、花草、亭台、美人名士，完美地契合了他们对于神秘东方的一切想象。

图 6　荷兰代尔夫特山水人物大盘

图 7　意大利产仿中式风景纹盘（约 1820 年）

图 8 清康熙青花纹盘（中国园林博物馆藏）

外销瓷表面看来不过是一件件装饰精美的杯碗盘碟、日常用具，但每一件外销瓷背后，涉及不同历史时期的通商政策、港口开放政策，民间贸易与官方贸易的博弈与共生，还需要造船术、航海术的成熟作为先决条件，以及互为因果的文化传播、民间信仰、风俗习惯，不同历史时期的外交关系、华侨史等。应该说，它是一个跨学科的研究范畴，且具有鲜明的国际性，各国也在不同的领域开展了广泛的研究，其蕴含的国际意义应该说是一个共识。

而外销瓷瓷面中时常见到的中国传统山水园林，其中蕴含着常常为人所忽略的东西方各自持有的自然观，东西方文化背景大相径庭，对自然的理解自适应于其本身的文化。而这种自然哲学形而下的表述中，最为常见的莫过于造园，如何营造展现其自然观的园林，怎样的园林才是一个理想的人居环境的表达，成为不同文化进行书写的重要途径。

西方的园林几乎都是崇尚几何形的，以流行于欧洲的古典主义园林为代表，园林之中处处体现着人对于自然的主宰与驾驭，人工造景将树木栽种得一排排十分整齐，高低错落有致，修建规矩，流水更多的是沿着垂直下落或转弯的直角，有着被安排好的路线，甚至讲求绝对的对称与均衡。中国的青花瓷以蓝白二色着色，与中国山水画黑白二色构图，采用写意的手法，注重意境的表现，成为天成之合，因而作品众多。广彩的出现将陶瓷融进丰富的色彩，使得图案的装饰性更强。

图 9　青花欧洲加彩人物纹盘（中国园林博物馆藏）

中国山水园林恰恰讲求曲线美，不似西方希望“驯服”自然。在中国的传统思想中，人是自然的一部分，人与自然是寻求平衡进而和谐共生的。古制《周礼》之中对于大司徒的职责便有“以土宜之法……以阜人民”，表示要首先考察以遵循自然规律；孟子有言“斧斤以时入山林”，主张对动植物的保护；孔子有言“天何言哉，四时行焉”，主张对天地自然规律的遵从与敬畏；老子道“道法自然”，主张人要顺从自然才能更好地发挥本性。应该说，中国传统的自然观念中，人从来都不是与自然对立的，相反，先贤告诉我们对于自然要有所敬畏、共生共荣。因此，中国传统的山水园林，更多的是模仿自然

山水，而非改造自然山水，而更为高级的造园家，则是借自然山水为园所用，成为园景的一部分，这些无疑都体现了中国传统山水当中所蕴含的人与自然关系的哲理。而这在外销瓷中山水园林的表达中得到了极好的阐释，这一信息也通过外销瓷的漂洋过海传播出去，纹饰中的传统山水园林也以其自然美征服了海外。

9.4 结语

诗意的栖居，本为德国哲学家海德格尔的文字，但这又恰恰可以用来阐释中国传统文人的造园理念，无论是叠山理水的造园手法，还是壶地洞天的空间维度，都是文人对将一己之躯如何寄托于这天地之内的外在表达，而其所抒发的胸臆，正是一种理想家园的人居环境，正是东西方不谋而合的共同的诗意。

瓷器在中国古代输出的物品中占有重要地位，在与世界各国的交流中起着无可替代的桥梁与纽带作用。外销瓷中蕴含着丰富的中国古典园林文化要素，受到西方的追捧，并在后期，西方从单纯地模仿进而发展到融合其固有自然观进行再发挥与再创造，使得外销瓷的内容更为丰富、风格更为多变，而中西方对于山水、自然的不同理解也在这瓷面上悄然展开了传递与碰撞，外销瓷也作为见证物承载了中西方文化交流与融合的历史。

参考文献

[1] 马晓暐，余春明 . 华园薰风西海岸　从外销瓷看中国园林的欧洲影响 [M]. 北京：中国建筑工业出版社，2013.

[2] 万明 . 明代青花瓷西传的历程：以澳门贸易为中心 [J]. 海交史研究，2010（2）：42-55.

[3] 曾玲玲 . 瓷话中国——走向世界的中国外销瓷 [M]. 北京：商务印书馆，2014.

[4] 石云涛 . 中国陶瓷源流及域外传播 [M]. 北京：商务印书馆，2015.

[5] [英] 柯玫瑰 . 中国外销瓷 [M]. 上海：上海书画出版社，2014.

10　中国传统园林中的动物文化

李跃超　李　想　孙　婷

人们很早就认识和欣赏动物，随着社会和文化的发展，动物逐渐成为了重要的审美对象，在不同的艺术形式中以不同形象出现，也被赋予了象征意义。动物的饲养和展览展示源于早期先民的狩猎活动，动物园最初的雏形，起源于古代皇帝、国王和王公贵族们的一种嗜好，即将从各地收集来的珍禽异兽圈养在宫苑里供其玩赏。而动物与中国古典园林的发展关系密切，为富有诗情画意的园林增添了无限生机和活力。

我们所居住的地球生机勃勃，不仅因为人类活动和文明进步，还在于无数物种和生命形式与我们共同栖息、生长、繁衍，形成了一个相互依存的生命共同体。在人与动物关系不断演进的过程中，随着人对自然和动物的逐渐认识，反映人与动物关系的文化艺术形式不断发展，体现了动物与人及自然与文化的融合，其形态随着人类社会发展也在不断地发展变化，园林就是一处很好地反映人与动物关系的文化场所，因此探讨园林中的动物对于研究园林的内涵具有重要的意义。

10.1　远古时期人与动物关系

人类起源于古猿，由古猿经漫长的进化过程逐渐发展而来。在距

今约 200 万年前的旧石器时代，原始人类在自然界中与动物处于相对平等的状态，使用的工具为打制石器，通过采摘果实、狩猎或捕捞获取食物。为了生存，原始人要与形体和力量远远超过自己的动物进行搏斗，获取的动物作为补充的食物来源（图 1）。火的使用使原始人类脱离了茹毛饮血的时代，火烤的动物蛋白为人类的大脑和身体发育提供了营养，加速了原始人类的进化过程，加速了动物作为食物的发展进程，火作为武器还可以用来驱逐或捕获野兽。制造工具、使用火并保存火种使得原始人类在自然界中逐渐取得了支配地位，但人对动物的基本需求还是以取食为主。

图 1　狩猎纹陶熏炉

在旧石器时代与新石器时代之间的过渡性阶段，原始人类生活仍以渔猎和采集为主，通过渔猎主动地从自然界获得更多的肉食，使得食源更加丰富。他们使用直接打制的大型石器，而间接打制的细石器工艺逐渐成熟，出现了用细石片镶嵌在骨木柄上的箭、刀等复合工具，狩猎技术和狩猎效率都大为提高。除依旧利用自然洞穴栖息外，还有了季节性的窝棚居址，开始有意识地驯养动物，猪、狗等成为原始人类较早饲养的家畜。

新石器时代以使用磨制石器、制陶等作为重要标志，原始农业和畜牧业开始出现。动物驯养和畜牧的发展使人类可以有计划地、稳定地获取肉食，家养动物的出现从根本上改变了人类与动物的相互关系。动物逐渐因其所具有的价值开始成为进行农业生产的对象和工具，圈养动物的方式则为后期圈养动物用作观赏，也即古代动物园（苑囿）的产生奠定了重要基础，人与动物的关系进入了一个新的阶段，动物文化也在不断地积淀和发展。

在人类生活的早期，某些特定动物被赋予了神圣意义，出现了动物形象的图腾，初期的动物图腾崇拜影响了后世的动物观赏文化。在原始宗教崇拜自然神的观念中，往往通过宰杀活动物来给“鬼”（死去的祖先）和“神”（人神化的各种自然现象，包括上帝、山、川、风、雨、雷、电等）以享受。在其后逐渐形成的农业文化中，牲畜祭祀成为向神祇祈福的一种方式，在祭祀中作为“牺牲”的动物起着沟通神人的中介作用。动物沟通神和人的作用还体现在占卜上，原始先民在卜骨选料方面，与当时当地畜牧饲养的动物种类有一定的关系。

10.2 古代园林与动物关系的发展简史

从原始社会过渡到奴隶社会后，人们对动物的认识不断增强，动物在人类生活中的地位和价值均相应地发生变化。先秦时期，农业和畜牧业发展到较高阶段。生产中金属工具代替了石器，出现了灿烂的青铜文化。先秦时期，先民就已经开始圈养野生的禽、兽，目的是使食物的来源更加稳定。动物成为重要生产资料，主要体现在养蚕、牛耕等农事活动中，在一定程度上促进了私有财产的产生，贵族出现并占有大量的生产资料。这是动物圈养从食物供给走向社会习俗文化的原始阶段。而在改造自然的过程中所接触到的自然的审美价值逐渐为人们所接受，动物作为美的装饰纹样开始出现在黑陶文化和彩陶文化的陶器中。伴随着人类定居和城市化的发展，出现了用于狩猎和观赏的帝王苑囿，集中豢养野兽禽鸟，苑囿中的动物开始由猎取对象逐渐转变为审美观赏对象，囿内野兽禽鸟和植物由“囿人”专司管理。因此，帝王

苑囿可看作是早期动物园的雏形，具有了早期动物园的观赏功能和斗兽场的斗兽竞技功能。苑囿中基于生存需求的狩猎功能相对弱化，野生动物逐渐成为帝王和贵族的专有财富，其价值从狩猎派生出祭祀、观赏和娱乐等功能，其后历代园林中多有驯养珍禽奇兽的集中场所。

秦汉时期是中国封建社会第一个大统一时期，此时期经济初步发展，农业和畜牧业不断发展。在动物的收集和饲养过程中，人们开始逐渐了解动物和自然，并开始积累驯化动物的知识。动物成为苑囿中重要的审美观赏对象，动物纹饰开始大量出现在建筑构件中。在苑囿中饲养的鸟兽禽鱼与天然环境共存，除了满足狩猎需要之外，斗兽观赏逐渐成为帝王贵族兴建苑囿的重要目的。苑囿成为欣赏自然景物和动物的审美享受场所，是自然环境中限定范围的田猎场所。圈养、驯化与观赏达到比较成熟的阶段。帝王宫苑中出现了许多驯养动物和以动物命名的苑囿，苑中有动物石雕、动物纹饰画像砖等关于动物的内容，有关中国早期动物园雏形的最早文字记载已经出现，此时期开始出现的中国古典园林之一的私家园林也模仿皇家园林，堆山挖湖，驯养动物。

三国两晋南北朝时期，政权更迭频繁，佛教传入，道教勃兴，玄学兴起，宗教思想渗透到政治、经济、民俗及文化等各个层面。在佛道盛行的社会背景下，人对动物的认识更加细化。伴随着野外资源的稀缺和社会文明的发展，豢养动物用途由猎物、斗戏逐渐被观赏、宠物替代。在帝王和苑囿等园林中追求自然环境的和谐与静谧祥和的气氛，动物作为园林游赏的亲和对象而大量存在。此时期，已出现不少独立形态的花鸟绘画作品和以动物为主题的艺术品。这一时期崇尚佛道，寺观园林异军突起。而飞鸟走兽作为佛道盛行期众生平等理想的重要内容，也被赋予了重要意义。

隋唐时期，政治、经济、艺术和文化交流高度发展，达到中国封建社会的鼎盛阶段。此时期与外国的动物交流频繁，对动物的欣赏进入了一个新的时期。花鸟画业已独立成科，涌现出了大批知名的花鸟画家。皇家宫苑中草木鸟兽繁育，放养鹰鸭鱼鳖，驯育骡马及虎豹，供贵族狩猎及欣赏。在隋代宫苑中曾令天下州郡贡献珍禽异兽，遂有

图 2　唐代石狮子

西苑草木鸟兽繁育，唐代宫苑中亦有种类繁多的动物，狮子等动物形象多出现在陵寝的建造中（图 2），守护着帝王陵寝。文人园林为代表的私家园林中也到处都有鹿鸣猿啼的景象。李德裕、王维、杜甫、白居易等文人为代表的私家园林中大多饲养各种鸟兽禽鱼，增加了园林的生机和活力。

宋代以来，经济、文化发展呈现出民族融合的特点，传统的汉族文化与统治政权的民族文化相互交融，出现经济的繁荣和市镇的快速发展。此时期的文人思想为花鸟画注入了新的内涵，形成了花鸟画创作的高峰时期。皇家园林中出现了较多种类的动物，艮岳和玉津园中最早的皇家“动物园”成为此时期重要的园林代表，皇家园林艮岳中放养的珍禽异兽数以亿计，园林内的鸟兽经过特殊训练，皇帝游幸时，白鹤金鹿列队接驾，可谓是历史上拥有动物最多的苑囿。除此之外，文人雅士、达官贵人也大量兴建园林，其中既种植各类植物，也饲养花鸟鱼虫，为人们提供观赏和休闲娱乐。

明清时期，出现了商业集镇和资本主义萌芽，商业都市的发展促进了人口城市化和市场化的规模，文化艺术呈现世俗化趋势。这一时期是中国古典园林发展的集大成时期，禅悦之风盛行，受其影响，文人士大夫以鸟兽禽鱼为知己，可以追求人兽亲和、物我同一的审美境界，人的性灵与鸟兽禽鱼等生灵也能“心心相印”。园林中动物饲养和观赏有了很大改观，一些有关古典园林的著作中出现了关于鸟兽禽鱼的理论总结。受到西方思想的影响，清末在皇家园林中更是出现了现代意义上的动物园。

10.3 古代园林中动物的意义与形式

10.3.1 园林中动物存在的意义

生物作为自然界的一部分，可分为动物、植物和微生物三大类，它们遍布世界各地，天空、高山、森林、池塘、海洋都能看到它们的身影。此外，在作家的笔端、雕塑家的指尖、诗人的诗句里，都少不了动物悦耳的声音、艳丽的颜色和优美的形态。而动物作为人类的朋友，很早就出现于园林中，成为中国传统园林的重要元素。园林中的动物大致可分为形象的动物和意象的动物两部分，形象的动物主要有活体动物和动物表象两类，意象的动物则存在于人们的想象之中，主要是动物文化和吉祥寓意。

中国大地山川钟灵毓秀，植被资源丰富，为动物提供了丰富的食物和安宁的栖息之所，因而孕育着丰富的生物物种。中国古典园林因其幽谧、安静的环境而成为动物的理想家园。此外，中国园林“虽由人作，宛自天开”，从生成之日起就离不开活跃的动物，飞禽、走兽、游鱼、鸣虫以其声音、姿态、颜色扩展了园林空间的深度和广度，创造了独特的景致。游人在欣赏这些动物的同时，仿佛置身于千变万化的自然美景之中，使园林达到了城市山林的效果。动物作为中国传统园林的重要组成要素之一，带给中国山水园林无限的生机与活力。

10.3.2 园林中动物存在的形式

在传统的园林中，动物以不同的形式存在。首先是活体动物，这些动物为园林增加了生机和活力。飞鸟游鱼一直是园林中的重要生命特征要素，仙鹤是园林中的常客，很多名园中豢养仙鹤，如白居易履道坊宅园。园林水池中的鸳鸯、鹭鸟也是常见的水禽，还有锦鲤等很多观赏鱼类，寺观园林等的水池中还有很多龟鳖等。宋代皇家园林艮岳中放养珍禽异兽，受到特殊训练的鸟兽能在宋徽宗游幸时列队迎驾，谓之“万岁山珍禽”，玉津园中饲养远方进贡的珍禽异兽，豢养大象、神羊、灵犀、狻猊、孔雀等。

其次，动物成为园林文化的重要内容，传统园林中多有以动物为主题的景观。颐和园中的听鹂馆、杭州西湖的柳浪闻莺景点，都是以动物景观为主题。另外，古典园林中常见的还有知鱼桥和知鱼亭等题材。虽然景观中也有活体动物，但更重要的是反映了园林中动物形象的哲学含义和深厚的文化内涵。

最后，动物图案从很早就出现在园林中，随着人们对自然物的审美和雕塑行业的逐步发展，动物的艺术形态也常常出现在园林中。早期的园林中有各种动物图案的画像砖、动物图案的瓦当等。随着动物文化的发展，皇家园林或坛庙陵寝门口守门的狮子、建筑屋脊上的脊兽，都反映了人对动物的认识与欣赏在艺术上的升华。

10.3.3 动物的审美内涵

动物由于物质和精神层面都具有独特的审美价值而深受人们的喜爱，动物的审美包括形态之美、色彩之美、声音之美、寓意之美等，从早期《诗经》中的“关关雎鸠，在河之舟”开始，动物就被赋予了很多美好的内涵。杜甫的绝句“两个黄鹂鸣翠柳，一行白鹭上青天”，更展现了动物在色彩、音响、寓意等多方面的美感。正是动物具有的多方面审美价值，奠定了其在园林中应用的基础。中国园林中应用和展示动物的历史悠久，动物要素与园林建筑、山水花木水乳交融、兴衰与共，构成了独具民族特色的中国山水园林景观，也加深了园林的自然属性。

10.4　结语

动物是人类的朋友，比人类更早地来到这个世界。人类离不开动物，只要人类共同努力，愿意与动物和谐相处，动物以及人类的未来将无限美好，人类终将在纯粹的自然界中生存。从早期的苑囿到现代的动物园，自园林出现以来动物就与园林有着紧密的关系，相谐相生。动物在中国古典园林中作为一种不可或缺的元素一直存在，并与中国园林一起和谐发展。随着社会的发展和园林的演进，动物在园林中的存在形式以及意义也在不断的发生变化。动物不仅作为食物满足人类生存需求，也作为欣赏对象而存在。没有动物的园林，就会失去动听的声音，失去宁静的陪伴，从而失去生机，而园林中的动物反映了人与自然和谐相处，园林也成为人与动物和谐相处的乐园。

参考文献

[1] 曾昭聪 .《毛诗草木鸟兽虫鱼疏》、《南方草木状》中的词源探讨述评 [J]. 华南农业大学学报（社会科学版），2005（4）：121-126.

[2] 郭风平，方建斌 . 中国园林动物起源与变迁初探 [J]. 农业考古，2004（3）：251-253.

[3] 郭风平，张艳，安鲁 . 中国园林动物象征意义初论 [J]. 西北农林科技大学学报（社会科学版），2008，8（2）：127-132.

[4] 杨华，高捷 . 中国园林艺术中动物景观营造的探索 // 抓住 2008 年奥运机遇进一步提升北京城市园林绿化水平论文集 [C].2008：276-279.

11 古典园林植物吉祥寓意及应用

冯玉兰

中国古典园林艺术博大精深，植物作为其中的主要构成要素，除了具有观赏和构景功能之外，还具有重要的文化功能。因为植物名字的谐音和对其形态特征、观赏特性、生态习性、实用功能、四季物候的观察了解，古人往往赋予植物一定的文化特性。植物的文化特性使其成为园林文化的重要组成部分，其中被赋予吉祥寓意的植物占据重要的地位，寄托了人们对美好生活的愿望。

《说文解字》曰:“吉，善也。从士口。”“祥，福也。从示，羊声。”《文选·东京赋》曰:“祚灵主以元吉。”薛注云:“吉，福也。”“卜征考祥。”薛注云:“祥，吉也。”从文字学的角度看，吉祥的含义，是美，是善，是福；是一种美好的预兆，福善的象征。吉祥寓意反映了人们的追求和向往。中国人对于理想生活的追求大致可归纳为长寿康宁、荣华富贵、家庭美满、知己相伴四类。

11.1 长寿康宁

《尚书·洪范》记载人的五福理想，“五福：一曰寿，二曰富，三曰康宁，四曰攸好德，五曰考终命”。“寿”位列五福之首。“康宁”“考终命”也表达了人们对健康长寿、平安安宁的渴望。松、梅、椿、萱

等植物因其生态习性成为象征长寿康宁的代表。

《长物志》曰："松、柏古虽并称，然最高贵者，必以松为首。"松为常绿乔木，凌霜傲雪，寿命长，历经沧桑仍青翠挺拔，诚如《闲情偶寄》曰"'苍松古柏'，美其老也"，故而成为长寿的象征。承德避暑山庄三十六景之一的松鹤清越，即康熙为其母亲修建的颐养千年之所。其楹联书"奇花文石娱朝夕，白鹤苍松永岁年"，表达对母亲长寿的美好祝愿。《长物志》记述了松在园林中应用的讲究："天目最上，然不易种，取栝子松植堂前广庭，或广台之上，不妨对偶。斋中宜植一株，下用文石为台，或太湖石为栏俱可。水仙、兰蕙、萱草之属，杂莳其下。山松宜植土岗之上，龙鳞既成，涛声相应，何减五株九里哉？"此处的"栝子松"是指白皮松。白皮松是松科松属植物，树冠塔形至伞形，幼树树皮光滑，灰绿色，长大后树皮呈不规则的薄块片脱落，老则树皮呈淡褐灰色或灰白色，鳞状块片脱落后近光滑，露出粉白色的内皮，呈白褐相间的斑鳞状。论其种植，可于开阔规整之处对植，也可于狭窄之处点植，配以湖石，点缀花草。白皮松作为我国特有树种，深受人们的喜爱。北海公园团城上就有被乾隆皇帝封为"白袍将军"的白皮松，相传植于金代，至今仍树形挺拔、气宇轩昂。苏州留园内多处栽植白皮松。除了白皮松，中国古典园林中常见的松类还有油松、黑松、马尾松、罗汉松等。北海公园内被乾隆皇帝封为"遮荫侯"的即为油松。留园冠云楼、听松阁栽植的黑松和揖峰轩的罗汉松均成为所在场地的主要造景植物。

《闲情偶寄》曰："一切花竹，皆贵少年，独松、柏与梅三老物，则贵老而贱幼"。故松、柏、梅皆寓意健康长寿。《园冶》言"植黄山松柏古梅美竹，收之圆窗，宛然镜游也"。其中，梅为蔷薇科李属观花乔木，"岁寒三友"中唯一观花树种，凌霜傲雪盛开，古人喜之。宋人林逋隐居杭州西湖孤山，喜梅与鹤，自谓以梅为妻，以鹤为子。其诗《山园小梅》称得上是赏梅佳作："众芳摇落独暄妍，占尽风情向小园。疏影横斜水清浅，暗香浮动月黄昏。霜禽欲下先偷眼，粉蝶如知合断魂。幸有微吟可相狎，不须檀板共金尊。"清代陈淏子所著《花镜》云："盖梅为天下尤物，无论智、愚、贤、不肖，莫不慕其香韵而称其清高。故名园、古刹，取横斜疏瘦与老干枯株，以为点缀。”可见人喜梅之老者，并尤其喜爱横斜疏瘦老干枯株。梅花也是长寿树种，可存活 700 年以上。目前发现的最古老的梅是位于云南的扎美寺古梅，距今已有 740 多年。《园冶》曰：“栽梅绕屋”“锄岭栽梅”。《长物志》曰：“幽人花伴，梅实专房。取苔护藓封，枝稍古者，移植石岩或庭际，最古。另种数亩，花时坐卧其中，令神骨俱清。绿萼更胜，红梅差俗。更有虬枝屈曲，置盆盎中者，极奇。”元代蒲庵禅师作《梅花歌》曰：“暮校梅花谱，朝诵梅花篇。水边篱落见孤韵，恍然悟得华光禅。”元人王冕言：“隐九里山，树梅花千株，桃柳居其半。结庐三间，自题为梅花屋。”明代姚希孟《梅花杂咏》记述“梅花之盛不得不推吴中，而必以光福诸山为最，若言其衍亘五六十里，窈无穷际”，描述梅花如“香雪海”的胜景。可见梅花作为中国传统名花，深受人们的喜爱，可栽植于庭院中，宜与山石、水边搭配栽植，或点植或丛植或片植，亦可做盆景。苏州拙政园雪香云蔚亭在山坡上栽植梅花，形成“梅坡”，花开时节，如雪如云。明代徐贲的《狮子林图·问梅阁》摹本可见栽植卧龙梅的姿态。

除了松、梅作为常见的寓意长寿的园林植物，椿树和萱草作为父亲和母亲的象征，也有长寿康宁的寓意。《庄子·逍遥游》曰“上古有大椿者，以八千岁为春，以八千岁为秋”，故“椿”有长寿寓意，以“椿寿”比喻长寿，称父亲为“椿庭”，表达希望父亲长寿的美好愿望。这里的“椿”是香椿，并非臭椿，臭椿在古代称为“樗”。香椿是楝科香椿属落叶乔木，雌雄异株，偶数羽状复叶，圆锥花序，两性花白色，果实是椭圆形蒴果，翅状种子。香椿性喜光，较耐湿。原产于我国中部和南部，栽培历史悠久，古称“灵椿”。宋代辛弃疾作词《沁园春·寿赵茂嘉郎中》曰：“天教多寿，看到貂蝉七叶孙。君家里，是几枝丹桂，几树灵椿？”宋代刘敞有诗云：“野人独爱灵椿馆，馆前灵椿耸危干。风柔雨练三月余，奕奕中庭荫华伞。”可见香椿已作为一种庭院树种栽植。黄庭坚有诗《岩下放言五首之灵椿台》和《次韵和台源诸篇九首之灵椿台》，不知“灵椿台”是源于场地种植有香椿，还是仅取其名筑台，无论如何，均可见其深受人们的喜爱，有

祥瑞之意。甚至有些地方流传“摸椿”习俗，即在大年除夕夜，孩子摸自家庭院里的香椿，并绕树转几圈，据说这样可以像香椿一样长得又高又快，有童谣：“椿树椿树你为王，你长粗来我长长。”

“椿萱并茂”是父母健在的意思。“椿”寓意父亲，“萱”即寓意母亲，“萱堂”即母亲的代称，“萱”即“萱草”。萱草，别名谖草、忘忧草等，百合科萱草属多年生草本植物，叶基生，条形，夏季开花，花冠漏斗形。最早关于萱草的记载见于《诗经·卫风·伯兮》“焉得谖草，言树之背”。《毛传》注释“谖草令人忘忧。背，北堂也”。“北堂植萱”即在母亲居住的北堂种植萱草，萱草也称为忘忧草，表达儿子离家为事业奔走，无法按时回家向母亲请安，于是就在北堂种植萱草，让母亲观赏，忘却忧愁，以表示安慰和孝敬。明代沈周曾作《怀萱图》赠与友人王鏊，以解其思念母亲之情。《博物志》曰：“萱草，食之令人好欢乐，忘忧思，故曰忘忧草。”从药用价值分析了萱草忘忧的价值。因而，萱草有长寿康宁之寓意。萱草在我国有着悠久的栽培历史，古代诗词中也经常提及。唐代诗人李峤云：“屣步寻芳草，忘忧自结丛。”孟郊曰：“萱草生堂阶，游子行天涯。慈母依堂前，不见萱草花。”明代朱有燉言：“满架酴醿如散雪，一畦萱草似堆金。”可见萱草可丛植，常植于台阶旁，可软化台阶或山石的棱角，柔化精致。因其花可使用，也有呈畦栽植历史（图1）。

11.2 荣华富贵

孔子曰：“富与贵，是人之所欲也。”中国人从来不避讳追求荣华富贵，财富与名利也总是相辅相成的。牡丹（图2）、桂花、榆树、槐树、榆树、紫薇等植物因其有“富贵”或“仕途顺遂”之吉祥寓意而深受人们的喜爱，被广为栽植。

《长物志》中称牡丹为“花中贵裔”，唐人皮日休赞其“落尽残红始吐芳，佳名唤作百花王。竞夸天下无双艳，独立人间第一香”。李正封称其“国色朝酣酒，天香夜染衣”。用“国色”“天香”形容牡丹，可见其尊贵，故而有“富贵花”之称（图2）。《长物志》认为其栽植

图1 清代缂丝作品《椿萱并茂图》(天津博物馆藏)

图2　清·邹一贵《牡丹富贵图》（辽宁省博物馆藏）

必须讲究，“栽植赏玩，不可毫涉酸气。用文石为栏，参差数级，以次列种。花时设宴，用木为架，张碧油幔于上，以蔽日色，夜则悬灯以照”。牡丹适合筑花台栽植，一是显其尊贵，二是更适合人的观赏角度，三是适合其生长习性，因牡丹具有粗长的肉质根，需选择土层深厚、地势高敞、土质疏松肥沃、排水良好之处栽植，故而花台最宜。颐和园的国花台，留园涵碧山房小院内的牡丹花台皆源于此。

与牡丹因其雍容华贵的形态特征得“富贵花”之名不同，桂花因其谐音和“月中有桂”的传说而被赋予“荣华富贵”的寓意。“桂”与“贵”谐音，在古代更具高贵、门第显赫之意。桂花是月中之树，月中传说有蟾，登科称为“登蟾宫”，“蟾宫折桂”即为科举应试及第。登科及第者则美曰“桂客”“桂枝郎”。“燕山窦十郎，教子有义方。灵椿一株老，丹桂五枝芳”称赞的是相传五代时，窦禹钧有5个儿子先后高中进士的故事。桂花不仅代表中举登科，也是代表荣华富贵的吉祥物。人们希望栽植此树，祈求好运。故有“门前栽桂，出门遇贵”“两桂当庭”“双桂留芳”。桂花，也称木犀，为木犀科木犀属常绿灌木或乔木，树冠卵圆形，叶对生，花簇生叶腋或聚伞状，花小，极芬芳。常见的桂花有金桂、银桂、丹桂和四季桂。留园著名的“闻木樨香轩”建于留园中部最高处，建筑四周遍植丹桂，每至仲秋，桂花盛放，暗香浮动。轩外楹联“奇石尽含千古秀，桂花香动万山秋”，描写得恰如其分。网师园的“小山丛桂轩”，以桂花和假山为胜，轩南庭中湖石小山自然多趣，山上桂花成林，入秋清香满院。

显示高贵门第的植物，除桂花外，槐树也是典型代表。槐树具有深厚的政治文化意蕴，有官运亨通的吉祥寓意。《周礼·秋官·朝士》：“朝士掌建邦外朝之法。左九棘，孤卿大夫位焉，群士在其后；右九棘，公侯伯子男位焉，群吏在其后；面三槐，三公位焉，州长众庶在其后。”此处的“槐”即为国槐，后来常用“三槐”代指“三公”，成为三公宰辅之位的象征。《朱子语类》讲“国朝殿庭，唯植槐楸”。国槐是蝶形花科槐属落叶乔木，树冠圆球形或倒卵形，奇数羽状复叶，顶生圆锥花序，花黄白色，荚果念珠状。《容斋随笔》载：“唐贞观中，忽有白鹊营巢于寝殿前槐树上。”《花镜》言其种植曰“人多庭前植之，

一取其荫，一取三槐吉兆，期许子孙三公之意”。从众多典籍中可以看出，国槐常种植于庭院，并取其荣华富贵的吉祥寓意。《园冶》曰“槐荫当庭”，文徵明的《拙政园图·槐幄》和题咏“亭下高槐欲覆墙，气蒸寒翠湿衣裳。疏花靡靡流芳远，清荫垂垂世泽长。八月文场怀往事，三公勋业付诸郎。来不作南柯梦，犹自移床卧晚凉”，而“青槐夹驰道，宫观何玲珑”等诗句可以看出国槐也可用于行道树。

另一种与古代官职联系起来的植物便是紫薇。在古代天象专用语中，“紫微”指的是紫微星，紫微星也被称为“帝星”。自汉代起，就用“紫薇”比喻人间帝王的居处。因此，自唐开元后，紫薇就种植于皇宫内苑。《新唐书·百官志》记载：“开元元年（713 年），改中书省曰紫微省，中书令曰紫微令。”故曾担任中书舍人的白居易在其《紫薇诗》中写道：“独坐黄昏谁是伴，紫薇花对紫薇郎。”宋人王十朋诗云：“盛夏绿遮眼，此花红满堂。自惭终日对，不是紫薇郎。”故而有荣华富贵之寓意，有谚语曰：“门前种株紫薇花，家中富贵又荣华。”紫薇，又名满堂红、百日红、痒痒树。花期长，6—9 月盛开，故名“百日红”。自唐开元以后，紫薇不仅植于皇宫内苑，而且广植于官邸、寺院等处。宋人杨万里赞其“谁道花无百日红，紫薇长放半年花”。紫薇是古典园林中常用的观花树种，陈淏子在《花镜》中言及：“其性喜阴，宜栽于丛林之间不蔽风露处自茂，根旁小本，分种易活。”

荣华富贵通常是在一起的，富则贵，贵则富。榆树就有福禄的象征。据《神农本草经赞》中“榆皮”篇载：“梦书。榆火，君德至也。梦其叶滋茂，福禄存也。”榆，榆科榆属落叶乔木。树冠圆球形或卵圆形。单叶互生，卵状椭圆形至椭圆状披针形，缘多重锯齿。花两性，聚伞花序簇生。翅果近圆形。榆树的果实由于酷似古代串起来的麻钱儿，故名榆钱儿。“榆钱”与“余钱”谐音，便成为金钱的象征。恭王府种植大量榆树，春天“余钱”掉落，象征着财富降临到自家。

11.3 家庭美满

中国人向来重视家庭，古代封建社会家庭美满意味着爱情幸福、夫妻和睦、儿孙满堂、阖家欢乐。

中国古典园林中应用多种植物表达对爱情和婚姻美满的追求。所谓“栽下梧桐树，引得凤凰来”。“梧桐”即代表人们对美好爱情和婚姻的渴望，并有门当户对之意。《诗经》云“凤凰鸣矣，于彼高冈。梧桐生矣，于彼朝阳”。《庄子·秋水》曰：“南方有鸟，其名为鹓鶵，子知之乎？夫鹓鶵发于南海，而飞于北海；非梧桐不止，非练实不食，非醴泉不饮。”此处的“鹓鶵”指凤凰一类的鸟，可见传说中凤凰非梧桐不栖，两者均被赋予高尚的品格，且非彼此不可。另外，古人编户曾以井为单位，并认为井可栖龙，而梧可招凤，因此井边栽植梧桐，便有龙凤呈祥之意。《红楼梦》中特意安排见识高远、能力超群的探春居住在栽植梧桐的秋爽斋，“梧桐引得凤凰栖”故而其“必得贵婿”，远离大厦将倾的贾府。《长物志》曰：“青桐有佳荫，株绿如翠玉，宜种广庭中。”梧桐，亦称青桐、碧梧、庭梧，为梧桐科梧桐属落叶乔木，原产于我国，栽培历史悠久，树干端直，树冠卵圆形，树皮灰绿色、光滑，单叶互生，心形，3~5 掌状裂，圆锥花序顶生，花期 6—7 月，蓇葖果。《西京杂记》有上林苑种植梧桐的记载，曰：“上林苑桐三，椅桐、梧桐、荆桐。”唐代元稹作诗：“明月满庭池水渌，桐花垂在翠帘前。”李贺诗曰：“秦妃卷帘北窗晓，窗前植桐青凤小。”宋人画《梧桐庭院图》，拙政园梧竹幽居有孤植的梧桐，《园冶》云“桐阴匝地”“院广堪梧”，可见梧桐是深受喜爱的庭荫树。

人们向往爱情，期盼和和美美、成双成对。荷包便成为古代传递爱情、表达爱慕的表赠之物。“荷包”这一称谓出现应在宋代以后，但荷花却早已被赋予爱情幸福的寓意。荷花，荷，和也，藕，偶也，故而荷花有和和美美、成双成对之意（图 3）。荷花又称“莲”，与“怜”同音。南北朝民歌《西洲曲》，取“莲”与“怜”字谐音双关，“怜”即“爱”，隐喻对情人的爱恋。“采莲南塘秋，莲花过人头。低头弄莲子，莲子清如水。置莲怀袖中，莲心彻底红。忆郎郎不至，仰首望飞鸿。”唐代诗人王勃的《采莲曲》曰：“牵花怜共蒂，折藕爱连丝。”李白的《折荷有赠》以女子的口吻，表现了对远方情人的深深思念之情。而并蒂莲更成为夫妻形影不离、白头偕老的象征。隋代杜

图 3　明 · 陈洪绶 荷花鸳鸯图（故宫博物院藏）

公瞻作《咏同心芙蓉》曰："灼灼荷花瑞，亭亭出水中。一茎孤引绿，双影共分红。色夺歌人脸，香乱舞衣风。名莲自可念，况复两心同。"出于对荷花的喜爱，人们将荷花作为一种水生植物广泛栽植。拙政园大面积的水面种植了荷花，形成"荷风十里香，荷叶千层绿"的景观，借喻荷花的景点有"远香堂""荷风四面亭""香洲""芙蓉榭""藕香榭"及"留听阁"，从视觉、嗅觉、听觉多角度地观赏荷花，欣赏荷花的四季景观。白居易《庐山草堂记》记述了有关荷花的种植："是居也，前有平地，轮广十丈，中有平台，半平地；台南有方池，倍平台。环池多山竹野卉，池中生白莲、白鱼。"宋人李重元云："风蒲猎猎小池塘，过雨荷花满院香。"清人刘凤浩为大明湖作联："四面荷花三面柳，一城山色半城湖。"杨万里描述西湖："毕竟西湖六月中，风光不与四时同。接天莲叶无穷碧，映日荷花别样红。"可见荷花以水面大小可片植可丛植，既可近赏"清水出芙蓉，天然去雕饰"，又可远观"四顾山光接水光，凭栏十里芰荷香"，还可"兴尽晚回舟，误入藕花深处"，可谓赏荷妙趣横生。

合欢，不仅有夫妻好合之意，还有合家欢乐之说，可从其传说和历史进行探究。相传虞舜南巡苍梧而亡，他的两个妃子娥皇和女英遍寻湘江未得，终日相对恸哭，啼血流尽而死。后来，他们的精灵与虞舜的精灵合二为一，变成了合欢树，树叶白天展开夜晚合并，相拥相抱。合欢，含羞草科合欢属落叶乔木。树冠开展呈伞形，2 回偶数羽状复叶，互生。合欢树姿优美、叶形雅致、明开夜合。故而形象生动地表达了"成双成对、夫妻好合"之意。"竹林七贤"之一的嵇康在其《养生论》中言"合欢蠲忿"，指出合欢能让人消除郁忿。《神农本草经》更详细地说明其药性："主安五脏，利心志，令人献乐无忧。"说明无论从合欢谐音、形态特征还是药用价值，均实至名归。唐代陆龟蒙写道："合欢能解恚，萱草信忘忧。尽向庭前种，萋萋特地愁。"明代礼部尚书兼文渊阁大学士申时行写道："隙地不栽无果树，中庭那有合欢花。"可见合欢特别适合庭院栽植，庭前堂后最是喜爱。

中国传统的家族观念中血统的延续至关重要，因此讲究多子多福。石榴种子数多，具肉质外皮，晶莹剔透，成为多子多福的象征。石榴

又名安石榴、若榴、丹若、金罂，石榴科石榴属落叶灌木或小乔木，原产中亚地区，约在公元前2世纪传入我国。西晋陆机《与弟陆云书》、张华《博物志》、清代陈淏子《花镜》、汪灏《广群芳谱》均记载张骞出使西域带回石榴，引种至国内栽培。记载："本出涂林安石国，汉张骞使西域，得其种以归，故名安石榴。"而马王堆出土的帛书《杂疗方》中有关于石榴的记载。可见在张骞出使西域之前，国内已有石榴栽培。据《北史·魏收传》载"安德王延宗纳赵郡李祖收女为妃。后帝幸李宅宴，而妃母宋氏荐二石榴于帝前，问诸人莫知其意，帝投之。收曰：'石榴房中多子，王新婚，妃母欲子孙众多。'帝大喜，诏收：'卿还将来'，仍赐收美锦二匹"。可见那时人们已赋予石榴"多子多福"的寓意。《西京杂记》载："初修上林苑，群臣远方，各献名果异树，亦有制为美名，以标奇丽者……安石榴十株。"可见汉代已经在园林中栽植石榴，见于宫苑、园圃、庭院等。魏晋时从达官贵人到一般文人，庭院别墅中均有栽种石榴，而且有不同品种。目前，华清池"环园"荷花池南岸传为杨贵妃栽植的"贵妃手植榴"仍青翠茂密、年年结果。

11.4 知己相伴

中国人讲究万物皆有情，植物被人化，进而可以为友为伴。因植物本身的特性赋予其人格魅力，故而某些植物被引为知己，所谓"性好德"。

"梅兰竹菊"是为四君子，君子可交之，故而人们喜爱栽植。《荆州记》载："陆凯与范晔交善，自江南寄梅花一枝，诣长安与晔，兼赠诗。"寄梅赠诗，成为表达友谊的高雅之举，梅花又何尝不是被认为知己才肯借此传情。孔子曰"与善人居，如入芝兰之室，久而不闻其香，即与之化矣"，朋友结交为兄弟称为"金兰结义"，李白云"为草当作兰，为木当作松"，可知兰在人们心目中的友谊地位。怡园玉延亭匾额"主人友竹不俗，竹庇主人不孤"。因主人与竹为友，便赞其品格高尚、品位不俗（图4）。宋代杨万里作《赏菊》曰："菊生不是遇渊明，自是渊明遇菊生。岁晚霜寒心独苦，渊明元是菊花精。"可见在世人眼里陶渊明和菊花可谓互为知己。

图4　清·郑燮 竹兰石图（故宫博物院藏）

人们不仅将“梅兰竹菊”引为知己，还有多种植物也被称为知己、友人。明代沈周曾作诗：“翠条多力引风长，点破银花玉雪香。韵友自知人意好，隔帘轻解白霓裳。”因玉兰亭亭玉立、花大香郁、宛如玉树、秀而不媚，故沈周认为其性高洁，称其“韵友”。栀子花又被称为“禅友”。《本草纲目》曰：“佛书称其花为薝卜，谢灵运谓之林兰，曾端伯呼为禅友。或曰薝卜金色，非卮子也。”并解释：“卮，酒器也。卮子象之，故名。今俗加‘木’作‘栀’。”在历史长河中，既有植物被赋予普遍的文化寓意，也有“各花入各眼”因人而异，以花为知己的特例。这都表达了中国传统文化中以花言志、君子比德的思想。

11.5 结语

《园冶》曰“栽培得致”，指出花木栽培需富有情趣。中国古典园林讲究意境美，植物成为烘托主题意境的重要组成部分，其中，植物的文化寓意可有效传达人的思想、情感、品格和意志。植物景观配置应重视文化内涵，满足意境需求。中国古典园林植物的吉祥寓意是植物文化内涵的重要组成部分，长寿康宁、荣华富贵、家庭美满、知己相伴是其重要的组成部分。当然，一种植物可具有多种文化寓意，并根据表达者的喜好和心境有所变化，但普遍的文化寓意是共知的。中国古典园林植物吉祥寓意文化的研究既有利于传承传统文化，也利于更好地应用园林植物进行植物景观配置。

参考文献

[1] 陈丹竹，孟祥彬，刘凤英 . 论园林植物造景的文化性 [J]. 四川建科学研究，2015，41（3）：172-179.

[2] 沈利华 . 中国传统吉祥文化论 [J]. 艺术百家，2009，111（6）：156-161.

[3] 陈俊愉 . 呼吁及早选定梅花牡丹做我们的“双国花”[J]. 中国园林，2005（1）：45-46.

[4] 陈俊愉 . 王冕与其梅花诗画 [J]. 北京林业大学学报，2001，23：5-7.

[5] 陈俊愉. 中国梅花的研究——Ⅰ梅之原产地与梅花栽培历史 [J]. 园艺学报，1962（1）.

[6] 石文倩，陈明，朱世桂. 古代萱草应用价值及其文化意蕴探讨 [J]. 农业考古，2019，161（01）：136-142.

[7] 中国农业百科全书总编辑委员会. 中国农业百科全书·观赏园艺卷 [M]. 北京：中国农业出版社，2008.

[8] 过常宝. 花文化 [M]. 北京：中国经济出版社，2013.

[9] 杨霞，谷永丽，焦传兵，等. 紫薇的文化意蕴及园林应用 [J]. 安徽农业科学，2015，43（5）：163-164.

[10] 罗紫蛟. 合欢的文化寓意及园林应用 [J]. 河北农机，2016，214（04）：38-38.

[11] 石云涛. 安石榴的引进与石榴文化探源 [J]. 社会科学战线，2018，000(002)：119-128.

[12] 曹林娣. 中国园林文化 [M]. 北京：中国建筑工业出版社，2007.

12　中国传统园林营造技法

白　旭　张　楠　毕　然

园林是自然与人文、环境与艺术的完美融合，是人类追求与自然和谐的理想家园。中国园林富有哲理与诗情画意，具有高超的艺术水平和独特的民族风格，是中华文化的重要组成部分，在世界园林史上占有极为重要的位置。历代的造园家以巧夺天工的手法，将山形水系、花草树木、廊岛路桥、亭台楼阁等景物巧妙地组合，塑造出诗情画意、情境交融的立体画卷。造园者通过一定的创作技法，将其主观创意和大自然的客观存在交融和转换，最终对"物"与"我"的转换、"时"与"空"的转换的追求，构成了意境与物境的转换。

12.1　传统园林中的借景

园林是人化的自然。如果称自然为真，则人造为假，中国传统园林追求的境界是"有真为假，作假成真"。"虽由人作，宛自天成"是中国园林的最高境界和追求目标，以寓情于景为诉求的意境营造和以叠山理水竖向设计为基础的物境营造构成了中国园林的两大技术要素，而借景是中国传统造园的核心理法。

明代造园家计成在《园冶》中提出"夫借景，林园之最要者也"，传统造园的理法核心是：巧于因借，精在体宜。这是最能代表中国传统园林技术内核的重要理念。从中国古典园林的相关研究可以看出，借景的理论是从造园和造景的实践中来，是中国传统造园艺术的核心理念。

首先，借景秉承了中国传统文学中比兴和托物言志的手法，也传承了中国传统哲学中物我交融等思想观念，是“天人合一”的宇宙观在中国传统园林上的直接反映，反映了造园者主观与自然、主观与社会之间的相互关系，同时与传统园林意境和物境的各个创作环节相融合，是传统造园中具有统领作用的理法。

其次，借景的含义非常广泛，可以说主宰了传统造园的各个环节，成为中国园林的基本理法。无论是相地选址、构思立意、意境创造，还是楹联匾额、景观营造，借景的理法和技法都体现在其中，借景的方式也不局限于远借、邻借、仰借、俯借、应时而借，需要注意的是颐和园借景西山玉泉塔、避暑山庄棒槌峰仅是借景的一种形式，而非借景技法的全部。传统造园首先强调的就是对用地环境的认识，因地制宜也是巧于因借的一种实践形式。文学作品的借用，通过楹联匾额等的形式体现出来，提升了园林景观的意境。

最后，借景的方法反映在“构园无格，借景有因”，借景所要达到的理想效果是《园冶》中提出的“借景无由，触情俱是”，“目寄心期”，这说明借景理法不奏效于主观臆想，而唯一成功之路是主客观的统一，只要能让参观者动情，感到赏心悦目，那么借景的效果就达到了。“景到随机”是借景的要理，机不仅指时间，也含空间，借因成景。因此可以说，“借景无由，触情俱是”，用能否打动人来评判借景成功与否是非常重要的。

12.2　造园中的意境营造

园林意境是指通过园林的形象所反映的情感，使游赏者触景生情，产生情景交融的一种艺术境界，如同诗画中诗境、画境的创造。园林意境的思想渊源可以追溯到魏晋时期。东晋简文帝入华林园，对随行的人说“会心处不必在远，翳然林水，便自有濠濮间想”，可以说已领略到园林意境了。

中国园林意境创造的核心是围绕“借景”展开，动之以情，借景寓情、情景交融，由此可以看出中国园林有别于西方园林的根本差异

在于：中国园林既强调师法自然，又强调人的主观能动性，它是托物言志，通过造园赋予自然以人意，强调景物因人成胜。但在这个过程中，人的作用与自然之间不是从属关系，而是相辅相成、相互转化的，传统造园体现了“人的自然化和自然的人化”。

意境创造的基本要求是能够打动人，在园林营造上首先强调“意在笔先”，在造园的初期构思作品的意境，这就是园林设计的立意。立意要通过“问名”来表达，设计者构想出园林和景物的名称，是把景物艺术化、文学化的过程，而游览者通过名称解读出景物表达的意境，又把景物拟人化。中国古典园林讲究胸中有丘壑、园中融山水。从明代计成《园冶》到现代陈从周《说园》等专著中均强调园林立意的重要性。“外师造化，中心得源”，自然美并不能自主地成为艺术美。对于这一转化过程，造园者的“目营心匠”是不可或缺的，早在动笔前就已了然于心。

中国传统造园的过程是连续、交叉和互为渗透的，园林由不同的园林要素有机组合而成，是时间艺术与空间艺术的完美结合，景物布局和序列里的起承转合，景象空间的变幻，在于对自然的理解和升华，达到园林创作的艺术境界，即所谓“景以境出”。最高境界的园林，除了美学角度的高度造诣，丰富多样的风景体验之外，其核心价值和核心思想也应从其意境中表现出来，匾额、楹联、诗词与书画等，是园主的抒情与言志的重要载体。

12.3　园林营造

山、水、植物、建筑是中国园林的基本要素，在中国传统哲学思想与传统文化的影响下，通过匠心独运的艺术组合，构建出具有中国艺术特色、富有诗情画意的经典园林。中国园林是人工化的自然，源于自然而高于自然，亦可以看作是山水画的物化形态，可以概括为掇山理水、园林建筑、花木配植和陈设装修几个部分。

12.3.1　掇山理水

山形水系是构成园林的基本骨架，在中国传统的自然山水园中，水因山秀，山因水活，发展出变化多样的叠山理水技艺，成为中国古典园林独有的艺术特征。正如明代画家唐志契《绘事微言》所言："凡画山水，最要得山水性情。得其性情，山便是环抱起伏之势，如跳如坐，如俯仰，如挂脚，自然山性即我性，山情即我情；水便得涛浪潦回之势，如绮如云，如奔如怒，如鬼面，自然水性即我性，水情即我情。"

叠石掇山，模仿自然界的山体，以自然山石为主要材料，按照自然山石成山之理，集零为整地掇成山体（图1）。传统造园中也有单独的置石，即以山石为材料作独立性或附属性的造景布置，可以与植物等要素相结合，主要表现山石的个体美，注重从赏石的角度，或局部的组合而不必具备完整的山形。"负阴抱阳，藏风聚气"，是园林地形创造的重要要求。

图1　中国园林博物馆片石山房展园假山

水是园林造景不可缺少的组成部分，理水之法首要为"疏源之去由，察水之来历"，随曲合方，以水为心，不仅要与水岸景观紧密联系，还要考虑与水上建筑的关系，水景空间划分与组合的手段主要是筑堤、布岛、留洲和露滩等。园林中水的流经要有理有据，明确场地及周边山脉的勾脊线，不仅要顺应和保护自然生态系统，也是对人居住生活安全的考虑。理水要考虑水之三远，乃阔远、深远和迷远，因此水要有聚有散，曲折有致，但造型应结合自然地形地貌，并用园林建筑布置达到画龙点睛的效果。

12.3.2 园林建筑

中国园林建筑追求“令居之者忘忧，寓之者忘归，游之者忘倦”，这是因为建筑都是功能多样和地形地貌多样间的结合体。中国园林建筑是世界上最为丰富的建筑形式，经常见到的有厅、堂、轩、馆、楼、阁、榭、舫、亭、廊等各类形式的园林建筑，这些建筑因环境而变化，致精巧布，与其他要素完美地融合（图 2）。从功能的多样性上讲，中国人所有的生活方式几乎都能在园林里找到：吃、喝、玩、乐、琴、棋、书、画，从社交到自我空间，尽在各个类型的建筑里产生；从地形地貌多样性来讲，园林建筑要放到自然场景里去才说得通，场景不讲究大，但却把自然多样化了，也把建筑本身多样化了。

图 2　中国园林博物馆室内展园苏州畅园中的建筑

传统园林建筑所带来的风景体验，并不只涵盖“视觉所观”这个方面。唐代李绅在《四望亭记》中，将立于亭内产生的其他身体感官置于四季运转之中，犹如时空相连、物我交融。更重要的是，中国园林建筑把一日当中的早晨、中午和晚上的活动时间都与建筑以及方位结合在了一起，这是其他类型的园林所没有的。中国园林中多样的建筑也塑造了中国园林的特色。

12.3.3 花木配植

园林植物是中国传统造园的重要元素，是展示地域特色、凸显园林季节景观的重要元素。千百年来，园林中所应用的花木品类越来越丰富，形态内涵越来越深厚。正是在园林这一人化的自然中，园林植物营造了“生境”，美化了“画境”，优化了“意境”。

中国传统园林中，从观赏角度看，花木主要分为观花类、观果类、观叶类、观干类，也有观树形姿态的；从形态方面看，可分为乔木、灌木、花卉和草本植物；从季相上看，分常绿树及落叶树。通过选择应用、合理搭配各种类型的园林植物，不同时期的园林中形成了诸多富有文化特色、景观风格各异的知名植物景观。

传统园林中很早就开始重视花木栽培和花木的观赏，无论是皇家园林还是私家园林都有专门栽培花卉的花台和花坛等。植物的配植手法主要是直接模仿自然，或间接地从传统山水画中寻得启示。但无论配植形式为孤植、群植还是丛植，首先都强调花木的自然特性和生长环境，其次才是作画构图，错落有致。植物最美妙的特点是它有时间和空间的变化，即所谓的季相变化，有姿态、能听声、能闻香，这一点是传统造园中花木配植首先要考虑的（图 3）。

花木也常常作为观赏和文化体验的主题。中国的园林植物资源丰富，花木文化源远流长。从古典园林的发展初期起，就受到“君子比德”思想等的影响，植物被赋予了文化含义，讲究植物的人化，花皆有意有韵，园林中许多建筑物常以周围花木命名，许多花木也有其特殊的含义，成为了体现中国传统园林风格的花木文化。如“岁寒三友”与“花中四君子”，是植物的人格化，甚至成为中华民族的精神象征。还有的植物被视为吉祥物或代表某种文化符号，比如柿树指事事如意，石榴指多子多福，荷花出淤泥而不染，有廉洁君子之含义。

图 3 扬州片石山房秋季植物景观

古树名木是活的文物和历史的见证。在中国传统园林中，古树名木具有很高的审美价值，构成了独特的瑰丽景观，提升了园林的文化内涵和历史价值。此外，盆景被誉为“立体的画”和“无声的诗”，是自然美和艺术美的结合，也是园林的重要内容。花木盆景是中国传统园林的重要内容，在咫尺空间体现了园林艺术之美；盆景艺术在发展过程中形成了不同的流派，在许多古典园林中都有专门的区域来布置盆景；花木盆景的栽植器物非常讲究，体现了文化和艺术的结合。

12.3.4 陈设装修

园林的室内装饰、楹联匾额、露天陈设、庭院铺设，是构成经典园林不可分割的组成部分，其形式设计精巧、图案精美、变化多样，往往起到画龙点睛和锦上添花的作用，成为园中的精彩之笔。

传统园林的园墙常设洞门，洞门仅有门框而没有门扇，常见的是圆洞门，还可做成六角、八角、长方、葫芦、蕉叶等不同形状，其作用不仅引导游览、沟通空间，本身又成为园林中的装饰，通过洞门透视景物，还可以形成焦点突出的框景。漏窗也是中国古典园林中独特的形式，也称花墙洞、花窗，大多设置在园林中的分隔墙面上。漏窗用于园林，不仅可以使墙面上产生虚实的变化，还可以增加空间层次。图案丰富、变化多样的漏窗，其本身和由它构成的框景，如一幅幅立体图画，小中见大，引人入胜。在中国传统园林的室外，铺地常常用砖、瓦、石等材料组成精美图案，成为一个造园符号，体现了美好的寓意。此外，中国传统园林中，为了满足居住者和游览者赏景游憩的需要，会有一些带有一定实用功能的陈设，如皇家园林中的露陈墩、私家园林中的书条石、寺观园林中的经幢等。

12.4 结语

园林是时间和空间的艺术，造园时要宏观、微观并重，正如《中庸》中的"致广大尽精微"，大到"人与天调"，小到"咫尺乾坤"，"景不厌精"。"外师造化，中得心源"是中国传统造园的思想源泉，"虽由人作，宛自天开"是中国造园艺术的核心理念。中国传统造园师法自然，追求自然山林的意境，赋予自然美景以人意，就要让其中的一草一木都能令人触景生情。造园技法来自人与自然之间关系的传承，造园是主客观相互转化又彼此互动的过程，正是这一过程缔造了中国传统风景园林的技法。正是这数千年的艺术实践和独有的造园理念丰富了人类的文明创造，为人类留下了丰厚的物质和非物质文化遗产。

参考文献

[1] 计成 . 园冶注释 [M]. 陈植，注释 . 北京：中国建筑工业出版社，1988.

[2] 孟兆祯 . 园衍 [M]. 北京：中国建筑工业出版社，2012.

[3] 刘敦桢 . 苏州古典园林 [M]. 北京：中国建筑工业出版社，1979.

13 中国园林与传统节俗漫谈

庞森尔 刘 芳 李 明

中国园林与中国的社会文化发展背景密不可分。中国园林既是传统文化的重要组成部分，同时又是中国文化传承与传播的载体，是传统文化中具有生命力的文化形态。中国园林的发展历程反映了各个时代不同社会背景以及社会经济的兴衰，蕴含了多样化的深厚哲学思想与文化理念，折射出了中国人独有的品格与品位。中国园林的发展与节日习俗也密不可分，节日民俗活动拓展和丰富了传统园林的内容，而中国园林作为节日民俗活动的重要载体，也在一定程度上印记了古人社会生活的精彩画面，使之在园林中得以更好留存。

13.1 传统节俗概述

民俗是指一个民族或一个社会群体在长期的生产实践和社会生活中逐渐形成并世代相传、较为稳定的文化事项，可以简单地概括为民间流行的风尚、习俗。由此而来的民俗文化是指普通人民群众（相对于官方）在生产生活过程中所形成的一系列物质和非物质的东西，以模式化的形式存在，具有传承性、广泛性，是最贴切身心和生活的一种文化。

节日是民俗文化中重要的组成部分，一般是指生活中值得纪念的重要日子，是为适应生产和生活的需要，由民众共同创造的一种民俗文化。节日的意义对于世界各地各民族而言是通用的，其产生和发展反映了一个民族或国家的历史文化长期积淀凝聚的过程。中华民族传统节日，形式多样，内容也是相当的丰富多彩，蕴含着深邃丰厚的文化内涵。从节日产生和演变的源头来说，涵盖了古代宗教信仰、祭祀文化、天文历法等人文与自然文化内容，有些节日源于传统习俗，如春节、中秋节、清明节、重阳节等。传统节日是中华优秀传统文化的重要传承载体，已经成为中华民族悠久历史和灿烂文化的重要组成部分。这些节日既可以使人们在体验节日的美好过程中增长知识、受到教益，又有助于彰显文化、宣传美德、陶冶情操、弘扬传统。

13.2 园林中的岁时民俗

13.2.1 春节（立春）与岁朝图

春节是传统意义上的年节，为一年之始，古代也称元旦、元日、正日、元辰、新正、元朔等。最早春节与立春节气有关，对于中国的先民来讲有一定的宗教功能，但也是为了欢度一年中的新旧交替，后来农历的正月初一逐渐演变为中国最受重视的一个传统节日。人们会在春节前后办年货、扫尘、祈福禳灾、欢庆娱乐等，以庆祝新的一年到来。

“岁朝”一词最早出自《后汉书·周磐传》中“岁朝会集诸生，讲论终日”的记载，是指一岁之始，也用来代指农历正月初一。“岁朝图”是为了庆贺“岁朝”而画的图，画中的内容一般是静物画搭配贺岁诗词，其雏形最早出现在唐代，只是一些文人雅士、达官显贵在新年的第一天将金石、书画、古董等清雅的物品摆放在于临窗的案几上。真正意义上的第一幅岁朝图应是北宋赵昌所作《岁朝图》（图1），宋徽宗时期岁朝图的绘制开始兴盛并流行于皇宫之中。到明清时期，岁朝图经过发展，真正意义上在紫禁城之中定型和流行，成为皇帝和贵族们热衷的一项文化内容。清代自康熙以后，每年入冬，皇帝都要亲自书写“福”字，颁赐王公大臣，意谓天赐福禄。雍正皇帝即位后，把“书福颁赐”著为成例，他每年腊月底开笔书“福”。从

图1　北宋・赵昌《岁朝图》

乾隆二年（1737年）开始，乾隆皇帝选定每年腊月初一为书“福”吉日，仍用“赐福苍生笔”书写第一个“福”字，以后岁以为常。从春节习俗的演变过程来看，其最初的宗教功能在后世已经弱化而庆祝和娱乐性逐渐增强，在力图营造欢庆氛围的同时，也表达了人们对美好生活的向往。

13.2.2 花朝节

花朝节又称“花神诞”和“扑蝶会”，是传统民俗中花神的生日（或是百花的生日）。在我国北方地区多为农历二月十五这一天，而南方地区为二月十二。这一节日所在的时节正是百花竞放之时，主要的习俗有踏春赏花、花间扑蝶、皇帝赐诗等。

花朝节历史悠久，在春秋时期《陶朱公书》中有“二月十二日为百花生日，无雨百花熟”的记载，“花朝”文字记载最早出现于魏晋时期周处的《风土记》：“浙间风俗言春序正中，百花竞放，乃游赏之时，花朝月夕，世所常言。”唐、宋时期祭祀花神的习俗流传较广。明清时期，由于未得到上层统治者的倡导和支持，花朝节就不如宋代时那么热闹，虽也有赏花、饮酒之类的活动，但多限于文人墨客。花朝节这一天，人们祭花神，去花神庙烧香祈求花神降福，保佑花木茂盛。圆明园等皇家园林中有花神庙，“百花生日是良辰，未到花朝一半春；万紫千红披锦绣，尚劳点缀贺花神”，可以看出庆贺百花生日风俗的盛况。这一天闺中女人常剪五色彩笺，用红绳或红布条系在花木树枝上或插在花盆中，谓之赏红；花开时节蝴蝶飞舞，据《广群芳谱·天时谱二》引《诚斋诗话》“东京（今开封）二月十二曰花朝，为扑蝶会”，可见扑蝶也是这一天的一种重要活动。花卉植物在园林中占有重要地位，对农业而言花卉更多地和收成产生关联。烂漫的花朵不仅可用于观赏，还代表植物生命力的复苏和此年可能出现的良好收成。古代人们并不了解开花的植物果树等和收成的内在联系，但是却用这样有意义的节日表达了对花朵盛开的庆祝和对丰收的向往。

13.2.3　上巳日与曲水流觞

我国从周代开始就有三月上巳日踏青、祓禊的习俗。在三月上巳日这一天，人们来到郊外水边临水洗濯，青年男女则踏青郊游，娱乐嬉戏。在古代由于冬季比较漫长和寒冷，生产力的限制和居住环境存在的问题，人们无不热切地盼望春天的到来，盼望春回大地万物复苏，由此春季的相关节日习俗就受到人们的喜爱。

这种习俗后来又进一步演变为临水宴饮和流杯宴集。《淳熙三山志》记载，汉初闽越王无诸在福建的桑溪进行流杯宴集，桑溪“在闽县东，乃越王无诸于此为流杯宴集之地”。魏晋时期，上巳节正式改为三月初三为春禊，作为岁时节令中的重要节日，逐渐演化为皇室贵族、文人雅士们临水宴饮（称曲水宴）的节日，并由此而衍生出重要习俗——曲水流觞。东晋王羲之等人上巳日会于会稽山阴之兰亭，引清流激湍为流觞曲水，饮酒赋诗唱和，这种文人名流的雅集盛会和诗文唱和流露出审美趣味，对当时和后世的公共型园林产生了深远影响。南朝梁宗懔《荆楚岁时记》载“三月三日，士民并出江渚池沼间，为流杯曲水之饮”。北魏杨衒之《洛阳伽蓝记》对洛阳华林园中的流杯池有如下描写：“柰林西有都堂，有流觞池，堂东有扶桑海。凡此诸海，皆有石窦流于地下，西通谷水，东连阳渠，亦与翟泉相连。若旱魃为害，谷水注之不竭，离毕滂润，阳谷泄之不盈。”

13.2.4　清明节与寒食

清明是二十四节气之一，《岁时百问》云“万物生长此时，皆清洁而明净，故谓之清明”，清明节是自然节气，也是中国的传统节日。

作为节气的清明，标志着春耕时节的到来，作为岁时节日的清明节源自上古时代的祖先信仰与春祭礼俗，在演变过程中也融合了寒食节的有关风俗，扫墓祭祖与踏青郊游是其两大礼俗主题。传说寒食节为春秋时代为纪念晋国忠义之臣介子推而设立。在民间传说中寒食节虽与介子推有关，但寒食起源，并非为纪念介子推，应是沿袭了上古的改火旧习，《周礼》记载“仲春以木铎修火禁于国中”。古代寒食、清明时节，正值春光明媚、百花开放之际，人们到郊外野游踏青，一方面拜扫祖墓寄托哀思；另一方面拥抱大自然，进行愉悦的游戏。期间有禁火寒食、祭扫、踏青、放风筝、荡秋千、斗草、蹴鞠、插柳等风俗活动。《东京梦华录》载“士庶阗塞，诸门纸马铺，皆于当街用纸跡叠成楼阁之状，四野如市，往往就芳树下，或园囿之间，罗列杯盘，互相劝酬。都城之歌儿舞女，遍满园亭，抵暮而归”，可以看出清明与寒食期间人们在园林中和郊外的活动。宋代程颢《郊行即事》“芳原绿野恣行事，春入遥山碧四围。兴逐乱红穿柳巷，困临流水坐苔矶。莫辞盏酒十分劝，只恐风花一片飞。况是清明好天气，不妨游衍莫忘归”，可以看出清明节是以踏青为主的郊外风景游赏活动。

13.2.5　端午节——龙舟竞渡

端午节在农历五月初五，源自天象崇拜，一般认为由上古时代祭龙演变而来，有龙舟节、重午节、端阳节、端五节等别称，也被称为“天中”。端午的文字最早出现于西晋周处《风土记》“仲夏端午谓五月五日也，俗重此日也，与夏至同”。

龙舟竞渡与食粽是端午节的两大礼俗，其中龙舟竞渡是端午节最隆重的活动，早在屈原投江一千多年前就已经在吴越地区盛行，后来流传到南北各地。古代各地兼有园林属性的水景名胜区往往都有端午赛龙舟的习俗，比如苏州胥江、无锡太湖、杭州西湖等，争奇斗艳，各擅胜场。历代皇家园林中也都设有赛龙舟的活动和场地，但早期大多与端午节无关。西晋、北魏时期，皇帝经常在三月初三乘龙舟游洛阳华林园。《东京梦华录》记载北宋皇家园林金明池每年三月初一向百姓开放。张择端《金明池夺标图》描绘了御苑中龙舟争标的场景。明清时期北京皇城中西苑三海在端午期间常举行龙舟表演。陆容《菽园杂记》记载明宣德年间五月初五这天，文武大臣随从皇帝和太后一起到西苑，先由武将比试射柳，然后共同观赏划龙船。由此可见端午节的习俗虽然开始都与“龙”有关，但是已经逐渐演变为人们初春的娱乐文体活动。明清时期端午节成为五月重要的节令，在园林中开展的活动有很多（图2）。

图2 清·《十二月令图》（故宫博物院藏）

13.2.6 七夕节——牛郎织女与园林

七夕节由星宿崇拜衍化而来，为传统意义上的七姐诞，因拜祭“七姐”活动在七月初七晚上举行，故名“七夕”，在民间也被称为乞巧节。七夕“牛郎织女”传说来源于人们对自然天象的崇拜。上古时代人们将天文星区与地理区域相互对应，这个对应关系就天文来说，称作“分星”，就地理来说，称作“分野”。相传每年七月初七，牛郎织女在天上的鹊桥相会。牛郎织女的说法最早出现于西周时期的《诗经·小雅·大东》:“维天有汉，监亦有光。跂彼织女，终日七襄。虽则七襄，不成报章。睆彼牵牛，不以服箱。”据《汉书·武帝纪》记载，昆明池牵牛织女石像是汉武帝元狩三年（前 120 年）在皇家宫苑上林苑“发谪吏穿昆明池”时设立，按左牵牛、右织女的格式，设置在昆明池东西两岸。清乾隆皇帝在北京西北郊建清漪园，将原来的瓮山泊水面扩大，再用汉代上林苑昆明池旧名，改称“昆明湖”，同时也以此湖象征银河，并在湖东南岸设立一座铜牛像（也有镇水之说）。民间对七夕节也比较重视，清代李斗《扬州画舫录》记载了自己于乾隆三十六年（1771 年）七夕游览扬州瘦西湖，泛舟于烟波之上，看两岸亭阁花木，仰观浩瀚的星空。古代女性在七夕当日，在园林中举行乞巧活动也极为丰富，除了穿针引线之外，还可以做点心、剪纸、刺绣等，有时还竞赛手艺。七夕节美丽的传说寄托了人们对美好爱情的向往，也表达了古代妇女们渴望拥有灵巧的双手提高生产力的愿望。

13.2.7 中秋节——赏桂邀月

“中秋”一词最早出现在《周礼》，魏晋时有“谕尚书镇牛渚，中秋夕与左右微服泛江”的记载，唐朝初年中秋节成为固定的节日，《唐书·太宗记》载有“八月十五中秋节”。中秋节盛行始于宋朝，至明清时，已与元旦齐名，成为我国仅次于春节的第二大传统节日。根据我国的历法，农历八月在秋季中间，为秋季的第二个月，称为“仲秋”，而八月十五又在“仲秋”之中，所以称“中秋”。中秋节也是我国重要的团圆节日，在这一天一家人会齐聚一堂，共同赏月、吃月饼，

庆祝当年的丰收等。

皇家园林中多建用于宴游赏月的宫殿（图 3）。南宋李心传《建炎以来朝野杂记》中对南宋都城宫苑有详实的记录："淳熙二年（1175 年）夏，始创射堂一，为游艺之所。囿中又有荣观、王渊、清赏等堂，凤山楼，皆燕息之地也。"其中清赏堂是中秋赏月的重要场所。《钱塘县志·纪都》记载了皇家中秋赏月的依桂阁等。私家园林中也有很多以赏月为主的建筑。宋代周密《齐东野语》记载张铉"其园池声伎服玩之丽甲天下"，他家用于赏月的园林建筑有很多，而且是按季节使用，比如孟春在揽月桥赏月，中秋则在摘星楼赏月。赏月的同时也会安排赏花，侍候赏月乐事的"歌者、乐者无虑数百十人。酒竟，列行送客，烛光香雾，歌咏杂作，客皆恍然如仙游也"。清代的北方私家园林中也有很多以赏月为主题的景观，如恭王府萃锦园中的邀月台，麟庆半亩园中有"近光伫月"，也是赏月的重要场所。月有阴晴圆缺，月亮的圆满也象征了家庭的美满和幸福，是我国先民对家族团聚的美好渴望的具体体现。

图 3　宋·刘宗古《瑶台步月图》（故宫博物院藏）

13.2.8 重阳节——登高

重阳节源自天象崇拜，由上古时代季秋丰收祭祀演变而来，是古代人们登高赏秋的好时节，唐代都城长安民间登高风俗更盛。王维《九月九日忆山东兄弟》诗云："独在异乡为异客，每逢佳节倍思亲。遥知兄弟登高处，遍插茱萸少一人。"李白在《九日登巴陵望洞庭水军》诗中云："九日天气晴，登高无秋云。造化群山岳，了然楚汉分。"此外，杜甫、岑参、刘禹锡等都写下了不少脍炙人口的"重阳登高"诗篇。民间有登高赋诗作文之举，宫廷亦如此。《唐诗纪事》记载，景龙三年（709 年）九月九日，唐中宗李显临渭亭登高，令臣下赋同题四韵五言一首，先成者赏，后成者罚。明代齐之鸾《九日登清水营城》云："朔方三度重阳节，河曲干旌岁岁忙。鬓发已甘尘路白，菊花犹送塞垣黄。中丞疏有回天力，太宰功兼蹜地方。云外好呼南去雁，系书先为报江乡。"由此可以看出在各个时代民间和皇家都有登高赏景的民俗活动，并且很多是在园林中进行的。

13.3 结语

中国古典园林是民俗活动进行的物质载体，也是许多重要民俗活动的举办场地。基于传统园林与民俗的关系，当今设计师们在园林景观设计中可以添加民俗活动的主题景观，再现古往今来蕴含深厚文化的民俗活动，将艺术境界与现实生活融为一体，深化游人的民族意识，弘扬民族文化精神。而在现代园林中的纹饰上采用民俗符号，则可以将传统民俗精粹通过形象化的符号融入现代园林建设中，使人们铭记这些民俗和历史，从而更好地传承优秀的中国园林文化。

参考文献

[1] 徐晓蕾，徐婷，张吉祥 . 我国传统节日风俗相关的园林植物文化探究 // 中国风景园林学会论文集 [C]，2014.

[2] 周维权 . 中国古典园林史 [M]. 北京：清华大学出版社，2006.

14　中国古典皇家园林居住文化

宁肖波　王　森　李　瑶

皇家园林作为中国古典园林体系中的重要类型，出现最早，在其发展过程中也受到文人园林的影响，具有了深厚的文化内涵。皇家园林是历代帝王理政驻跸的重要场所，不管是大内御苑还是行宫御苑和离宫御苑，从“一池三山”的造园格局，到南北园林艺术的不断交融，集恢弘气派与典雅舒适于一体，体现了帝王对理想园居环境的追求。

14.1　古典园林的居住功能

在数千年的造园实践中，逐渐形成了独具特色的中国园林造园思想和造园技艺。以巧夺天工的手法，将山形水系、花草树木、廊岛路桥、亭台楼阁等景物巧妙组合，塑造出诗情画意、情境交融的立体画卷。中国园林成为我国文化艺术宝库中的珍品，也是人类文化艺术百花园里的一朵奇葩，在世界园林中独树一帜。

园林作为自古以来人们所追求的理想人居环境，本质上是居住功能的扩展与延伸。私家园林往往成为住宅的一部分，有的是园和宅分开，有的则是两者合而为一，其实用功能与审美功能更为统一，文人士大夫等社会阶层往往依园而居。园居成为中国传统居住文化中一个较为独特的居住形式。

中国古典园林可居、可游、可赏，满足主人多方面的功能需求。园居生活是园林文化的重要组成部分，是人们追求的理想家园在现实生活中的具体体现。不同地区、不同民族在不同时代创作出了风格迥异的园林，也形成了丰富多彩的人居文化，那些经典园林无不反映出园主人造园的目的。明代王献臣建拙政园，取名“拙政”，典出晋代潘岳《闲居赋》“筑室种树，逍遥自得……灌园鬻蔬，以供朝夕之膳……此亦拙者之为政也”，是一种自嘲的意味，也有朴实之人在自家花园为政的巧意，反映了古典园林所承载的居住文化。清代任兰生被罢官返回故里后建造私家园林退思园，园名引自《左传》中的“林父之事君也，进思尽忠，退思补过”之意，将春、夏、秋、冬和琴、棋、书、画等内容全部融入园中，反映了园主人的园居理想，并将其体现在园林景物中。在园林化的居住环境中，厅堂内的陈设和庭院中的陈设往往作为凸显园主人爱好、品位的重要内容，成为园居文化的重要组成部分，一个优秀的园林，其建筑、景点和铺装、陈设等各个方面都体现了造园的主题。

古人通过寄情山水，追求与大自然的和谐，享受山水之乐趣，使之成为物质和精神生活的重要内容。在此基础上，以师法自然为理念，创造出了充满诗情画意的文人园林。此外，园居相比较于宅居，其居住方式较为高级，还因为其更接近自然，经过改造后的居住环境也更为舒适。园林除供居住、游赏之外，还有一项重要的功能，就是为名人雅士举行雅集活动提供场地，古代的文人在园林环境中雅集聚会，以文会友，成为流传千古的佳话。

作为皇家生活环境的一个重要组成部分，皇家园林形成了有别于其他园林类型的特点，皇帝能够利用其政治上的特权与经济上的雄厚财力，占据大片土地面积营造园林而供自己享用，故其规模之大、景观之丰富远非私家园林所可比拟，从居住功能上来说，满足帝王避喧听政、行猎训武、求仙礼佛等多元功能，成为皇帝的理想居所。

14.2 古代皇帝的理想居所

14.2.1 狩猎演武

殷商时代的帝王和奴隶主很喜欢大规模的狩猎，古籍里多有关于田猎的记载。田猎是在田野里行猎，多在旷野荒地上进行，有时候也在抛荒、休耕的农田上进行，可兼为农田除兽害，但往往会波及在耕的田地，因破坏田地而激起民愤。殷末周初的帝王为了避免因进行田猎而损失在耕的农田，明令把这种活动限制在王畿内的一定地段内，形成田猎区。这些田猎区慢慢成为早期的苑囿，也成为园林早期的雏形之一。由此发展而来的皇家园林，尤其是位于郊野的皇家园林，狩猎是其中的重要功能，收获的猎物可以作为祭祀等活动的重要祭品[1]。

汉代最大的皇家园林上林苑，由秦代的旧苑扩建。兴建此园的缘由从《长安志》的记载中可以看出："武帝微行始出，北至池阳，西至黄山，南猎长杨，东游宜春。微行常用饮酎已。八九月中，与侍中常侍武骑及待诏陇西北地良家子能骑射者期诸殿门，故有'期门'之号自此始。微行以夜漏下十刻乃出，常称平阳侯。旦明，入山下驰射鹿豕狐兔，手格熊罴，驰骛禾稼稻秔（粳）之地。民皆号呼骂詈，相聚会，自言鄠杜令，令往，欲谒平阳侯，诸骑欲击鞭之。令大怒，使吏呵止，猎者数骑见留，乃示以乘舆物，久之乃得去。时夜出夕还，后赍五日粮，会朝长信宫，上大欢乐之。是后，南山下乃知微行数出也，然尚迫于太后，未敢远出。丞相御史知指（旨），乃使右辅都尉徼循长杨以东，右内史发小民共（供）待会所。后乃私置更衣，从宣曲以南十二所，中休更衣，投宿诸宫，长杨、五柞、倍阳、宣曲尤幸。于是上以为道远劳苦，又为百姓所患，乃使太中大夫吾丘寿王与待诏能用算者二人，举籍阿城以南，盩厔以东，宜春以西，提封顷亩，及其贾直，欲除以为上林苑。"由此可以看出，虽然大臣反对，汉武帝最终还是执意兴建了这座历史上规模最大的皇家园林。上林苑的西部是皇帝狩猎的主要场所，这一带的宫殿建置也多半是为皇帝狩猎演习服务的，如渭北的黄山宫，渭南的长杨宫、五柞宫等，其中长杨宫的门曰“射熊观”。

清代的避暑山庄兴建也与狩猎行武有很大关系。清代皇帝木兰秋狝使满族精于骑射的民族传统和立国之本得以保持和发扬，使军队的军事素质和作战能力得以提高，同时也加强了清中央政权与蒙古各部的联系，在一定程度上巩固了多民族国家的统一。避暑山庄的修建改变了清帝北巡只注重到围场打猎的格局，从康熙四十七年（1708 年）起，皇帝每年秋狝前后均要在避暑山庄长期停驻，以处理军政要务。康熙皇帝驻跸避暑山庄时，将澄湖之北的“甫田丛樾”辟为阅习步围之地和猎获鹿、麝、雉兔的猎场，他还常在宫门前阅射。乾隆皇帝驻跸山庄时在“佳山佳水漫游娱”之时也不忘习射，正如在京郊南苑一样（图 1），南苑是元、明、清三代皇帝出游狩猎的地方。

图 1　清·郎世宁 南苑狩猎图

14.2.2　求仙礼佛

早期的皇家园林中，求仙和通神是帝王在建筑宫苑中居住的重要功能。《史记》中记载，秦始皇追求长生不老，曾多次派遣人寻仙境、求仙药，但是毫无结果，只得借助修建类似于仙境的园林来满足他的奢望，于是修建兰池宫以追求仙境，挖掘水池为湖，湖中堆筑三岛隐喻传说中的海上神山。汉武帝时在上林苑内建章宫北太液池中筑蓬莱、

方丈、瀛洲三山，开创应用“一池三山”叠山理水模式，这种“一池三山”的布局对后世园林产生了深远影响，促进了造园艺术的发展。始建于秦代的甘泉宫，在汉武帝时扩建，建泰畤坛供奉宝鼎，泰乙居中，台室和台畤坛后来成为祭祀太乙神的神祠，台室内又称通天台，“武帝时祀太乙，上通天台，舞八岁女男女三百人，祠祀招仙人”。魏晋南北朝时期皇家园林的通神和求仙功能逐渐淡化。此后，历代宫苑中有很多真正的宗教性建筑，成为皇家园林中一类重要的景观类型。唐代曾在太极宫后苑东北隅建造佛堂，华清宫西秀岭上有朝元阁和老君殿两座道观，大明宫的苑林区宗教建筑较多，东部的大角观、玄元皇帝庙和西部的三清殿都是道观，明德寺则属于佛寺性质。北宋东京汴梁的皇家园林艮岳中有道观和佛教庵堂，元代大内御苑中的殿宇兼作佛事场所，明代紫禁城御花园正中的钦安殿是道教建筑，慈宁宫花园的殿宇具有佛堂的功能；嘉靖帝在西苑建造亲蚕殿、先蚕坛和祀奉水神的金海神祠。清代御苑中的宗教性建筑数量大大增加。紫禁城御花园钦安殿和慈宁宫花园保留了佛堂，钦安殿西南的假山旁建造了一座八角形平面北出抱厦的四神祠，东侧的万春亭曾经供奉关帝塑像，西北角的位育斋一度改为佛堂。清代对西苑三海进行较大规模的改建，重点就是修建了更多的宗教建筑，佛教建筑的地位尤其突出。北海琼华岛以永安寺为中心，白塔成为整个西苑的景观标志，北岸的西天梵境、阐福寺、极乐世界均为大型佛寺。此外，圆明园、承德避暑山庄、清漪园等皇家园林中宗教建筑也都不少，成为皇家参拜礼佛的重要场所。

14.2.3 避喧听政

古代封建社会的一个基本特征，就是国家一切事务以皇帝为运转轴心，所以才有“国不可一日无君”的说法。皇帝走到哪里，哪里便是“行在政府”。清代之前历代皇帝巡幸，避暑行宫内不专门构设理政朝房，行宫内随处可以处理政务。但是勤政殿建筑从很早就开始有所建造，以体现古代帝王将勤于政事作为重要的治国理政方针。唐代兴庆宫内建有勤政务本楼，最初是玄宗皇帝理政和颁发诏书的地方，后来执行政事移到兴庆殿，这里便成了举行国宴和外事活动的场所。清代皇帝的避喧听政之所，按“紫禁之制”刻板而严格地构设理政视事朝署，皇家园林中的勤政殿是皇帝举行朝会和接见臣子的地方，其作用类似于皇宫内的太和殿，是秉承“避喧听政”的理念而建。除承德避暑山庄设有勤政殿外，其他皇家园林中也有设置，如西苑的勤政殿、圆明园勤政殿（隶属于勤政亲贤景区）、清漪园勤政殿（今颐和园仁寿殿）等（图 2）。

图 2　古画中圆明园一角

畅春园是清圣祖康熙皇帝在北京西北郊建造的第一座“避喧听政”的皇家园林。畅春园建成以后，康熙皇帝很喜欢这座园子，还专门撰有“御制畅春园记”一文。他认为这里“酌泉水而甘”，实在是颐养胜地，因此除了要举行重大庆典外，康熙皇帝经常在畅春园内园居理政。为了听政之便，康熙皇帝便把畅春园附近的园林赏赐给他的儿子们居住，其中最为著名的就是康熙四十八年（1709 年）在畅春园的北

边修建“镂云开月”景区，后赏赐给皇四子胤禛居住，这是圆明园最早的建筑。雍正皇帝即位以后，便在此基础上大肆扩建，遂形成圆明园内众多景区，并正式命名为圆明园，该园成为雍正皇帝重要的理政和居所。为能满足理政视事需要，对以水景见长的小园加以扩建，其原则如雍正皇帝所言“辟园勿庸过阔，只需具朝署之规，以乘时行令，布政亲贤”。乾隆皇帝继位后继续扩大建设圆明园，使之成为重要的园居理政之所。后来的嘉庆、道光、咸丰皇帝在圆明园内召见群臣，御门听政在勤政殿，勤政殿亦是皇帝平时批省章奏、召对大臣、引见官员和会见外藩王公之所。

14.2.4　园居游豫

皇家园林是帝王园居游豫的重要场所，是皇室贵族日常起居和帝王处理朝政最多的地方，园林环境的优劣与人的身心健康关系尤为密切。唐代孙思邈有云“山林深远，固是佳景，背山临水，气候高爽，土地良沃，泉水清美……地势好，亦居者安”，可见古人很早就认为山林地为园林选址的良好场所，正契合明代计成在园林选址时“山林者为上，村居次之”的观点。山林地具有空气清新、气候宜人、土地肥沃、泉水清美等自然生态条件，给人提供健康而舒适的生活环境，有利于修身养性，保持心情愉悦。皇家园林更是将此上好的选址条件作为相地标准，清康熙帝在描述避暑山庄选址时有诗云“万几少暇出丹阙，乐水乐山好难歇。避暑漠北土脉肥，访问村老寻石碣……人少疾……”具有疗病却医功能的自然山水条件深得皇帝所爱，究其缘由，是其“暖流分泉，云壑停私，石潭青摘，境广草肥，无伤田庐之害；风清夏爽，宜人调养之功”（清康熙皇帝御制《避暑山庄记》）。康熙帝曾在避暑山庄休养生息，亲自印证了“水土甚佳”的环境条件，令其“精神日健，颜貌加丰”。避暑山庄兴建后，成为理朝听政的宫苑和避暑消夏的胜地，清帝每年都有大量时间在此处理军政要事，接见外国使节和边疆少数民族政教首领，在山庄中听政与宫中无异，这里成为中国清朝的第二个“政治中心”。除此之外，在这里还实现了理政与休憩的完美结合，使它超越了一般园林的普遍价值，游园、赏荷、听戏、采菱、钓鱼、礼佛……这些活动作为君王日常生活不可或缺的部分，也成为避暑山庄功能完备的重要体现。作为皇家园林代表的圆明园，也因其“外边来龙甚旺，内边山水按九州爻象，按九宫处处合法”的自然山水环境得到乾隆帝“实天保地灵之区，帝王豫游之地，无以逾此”（清乾隆皇帝御制《圆明园后记》）的赞誉。

14.2.5 多元功能

元、明、清时期皇家园林的建设不但体现自身的生活习惯、文化背景与审美情趣，同时更多地融入皇帝心系国家、民族团结、国计民生等政治元素，如元代忽必烈亲耕田、清代清漪园耕织图、避暑山庄外八庙以及众多的敕建寺观等。

避暑山庄最为重要的政治意义在于团结北方少数民族，尤其是加强与蒙、藏、回、哈萨克等藩部的联系，由此成为一个特殊的政治中心。避暑山庄的建立解决了北方游牧民族与农耕文化的矛盾冲突，在这里“军事和政治消解得那样烟水葱茏”。避暑山庄的存在对北部边疆的威慑力是显而易见的，而避暑山庄周围众星捧月般的皇家寺庙则对蒙古、西藏等地区的感召力又是无穷的。蒙藩的要求和清帝对北疆态势的洞察力，使得修建热河行宫并修建新宫殿区的理想成为重要的现实内容。避暑山庄中万树园等地方成为接见外藩和属国使臣等的重要场所，谱写了一曲曲民族团结和国家统一的赞歌（图 3）。

图 3　避暑山庄万树园赐宴（故宫博物院藏《万树园赐宴图》）

14.3 结语

古典园林是我国古人最为理想的修养栖居之所，蕴含着涵养精气神、阴阳协调、康复保健等健康方面的思想。皇家园林作为古典园林的重要类型，是展示中国园林居住功能的代表和缩影，由于皇家所掌握的雄厚财力、物力，能够从选址等方面最大限度地保证园林居住环境的舒适性。古代皇家园林中可以将优美的自然环境和风光纳入园中，能够很理想地符合道法自然、与自然和谐等环境建设准则，注重传承古代健康思想，从环境解读、语境营造、空间演绎、生活植入等角度巧于营建、精于展现，园林化的居所能够提高人居环境的舒适度。而颐神养性、健康长寿恰是古代帝王生命追求的终极目标，作为皇帝日常生活和处理政务的园林环境成为其实现健康目标的重要手段，正是在这种条件下，中国古典皇家园林融合了多元的功能，成为古代住居文化的典型代表。

参考文献

[1] 周维权 . 中国古典园林史 [M]. 北京：清华大学出版社，2006.

[2] 贾珺 . 中国皇家园林 [M]. 北京：清华大学出版社，2013.

15 中国古代园林的公共性

牛建忠 马 超 滕 元

公共游憩型园林并不是凭空而来的，反映出国人爱好自然的天性和人群相聚的游乐群体性，这种天性其实是人们本来就有的，因为人类自诞生之日起就没有离开过自然环境。虽然现代公园概念对应的具体形式是来自国外，但是这种具有公共属性的自然境域和自然体验确是古已有之。

15.1 古代公共园林的发展

在我国最早的诗歌总集《诗经》中，就有许多描写公众聚会和游憩的诗篇。《小雅·鹿鸣》中有“我有嘉宾，鼓瑟吹笙”的宴饮场景描述，勾勒出最早的集会情景。《郑风·溱洧》中描写了一群青年男女在上巳日修禊的时候，在溱水和洧水之旁相聚相乐、互诉衷情的场面。《论语·先进第十一》记述孔子询问子路、曾皙、冉有和公西华四个学生的志向，起初孔夫子对大家的回答并不甚满意，曾点（曾皙）最后发言说“暮春者，春服既成。冠者五六人，童子六七人，浴乎沂，风乎舞雩，咏而归”，夫子喟然叹曰“吾与点矣”，孔子是非常赞许曾点暮春三月浴于沂水的郊游活动和方式，其中折射出的这种思想对后世文人在自然风景中开展公共游赏等活动产生了深远影响。

商周秦汉时期，帝王营造苑囿和宫苑，其中会有宴赏群臣等活动，也允许大臣在其中游览，最典型的是周文王的灵囿、灵台、灵沼（图 1），

其地范围广阔，除有天然植被外，种树养菜，也有一些简单的建筑物，可以观赏自然风景，不仅如此，苑囿中百姓是可以进入的。《孟子·梁惠文王下》中说“文王之囿，方圆七十里，刍荛者往焉，稚兔者往焉，与民同其利，民以为小也”，建筑学家梁思成在《中国建筑史》中说“文王于营国、筑室之余，且与民共台池鸟兽之乐，作灵囿，内有灵台、灵沼，为中国史传中最古之公园”。随着汉代传统文学的兴起，文人喜欢以文会友，或游山玩水，或吟诗作赋，或书画遣兴，或饮酒品茗，形成了独特的中国传统人文景观，也促进了公共性游憩行为和意识的发展。

图1　周文王灵囿想象图

西汉以来，儒学思想的地位逐步得以确立，文人因文学才能而得到重用，在社会政治生活中的地位日益突出，出现了以文学为事业的文人群体。此时期出现了以帝王为中心，文学之士众星捧月般的宴饮集会，成为后世主臣游集的范式，吟诗作赋的活动为后世文人雅集定下了风雅的基调，如西汉时期由梁孝王主导、司马相如和枚乘等文人参与的聚会，很多是在园林之中。东汉时期，节日民俗被文人吸纳成为集会的新主题，文人们品味高雅脱俗的群体游赏活动也使节日民俗的文化内涵得到提升。

魏晋南北朝时期，由统治者主导开展文人群体的各种集会，或讲论学术，或整理各类著作，或举行佛事活动，而群体性的宴饮游集、诗酒言欢最为常见。除了皇家倡导的在园林中的宴集游赏之外，私家园林中的游赏逐渐兴起，建安时期由曹丕主导的邺下文人宴游集会被后世文人视为典范而受到推崇，西晋石崇主导的金谷园雅集是历史上第一次真正由文人自发组织而无政治因素在内的文人雅集活动，在两方面留下了深远的影响：一是士人留恋山水的心态，二是诗文创作作为留恋宴乐的雅事出现。在公共性的场所也开始出现雅集和游赏等公共性的活动。魏晋之际的“竹林七贤”，重在享受雅集中的山水游玩之乐，聚会的地点多是风景优美的地点，参与者获得了与现代游览公园相似的体验（图 2）。东晋永和年间，王羲之和名士孙绰、谢安等 42 人，于巳日在绍兴兰亭进行“修禊”宴集，崇山峻岭之下，茂林修竹，清流急湍，映带左右，引以为“流觞曲水”。这种文人名流的雅集盛会和诗文唱和流露出审美趣味，对当时和后世的园林产生深远的影响。兰亭成为首个见于文献记载的“公共园林”，具有十分重要的历史价值，其格调情趣与文人群体对自身集会品格的要求相符合，其后的文人集会开始出现山水游赏主题。

图 2　竹林七贤与荣启期模印砖画（南京博物院藏）

“公园”一词最早出现在魏晋时期。《魏书·景穆十二王列传》中记载，任城王澄“表减公园之地，以给无业贫口”。《北史·列传》卷十八有基本相同的文字“表减公园以给无业贫人”。这里的“公”实际上应该指官家的意思，并不是像今天所说的公共或公众。但是今天的公园概念与古代这一概念是两个全然不同的概念，具有全然不同的两种形态，因此尚不能将此作为公园的起点。现在所称呼的“公园”是清末随西学进入中国的，当时称为“公家花园”，稍后才使用经由日本而来的“公园”一词。

相对于私家园林和皇家园林，寺观园林出现得相对较晚，但是寺观园林本身就具有一定的公共属性。从东汉时期佛教传入中国后，在不断向着世俗化发展的过程中，佛寺和道观除宗教的功能性外，其游赏功能也逐渐增强，具有了适应不同阶层游客欣赏游览的丰富景观要素和空间容量，作为对公众开放的园林形式一直承担着提供公共休憩场所的功能。佛道哲学宣传的“众生平等”等教义理念以及由于传教的需要对现实“天堂世界”的塑造，特有的湖山风光和人文气息使得寺观园林呈现多元化，也促使其成为具有最为广泛受众群体的游憩活动空间。

随着国家的强盛，唐代的皇家寺观、私家园林大量涌现，寺观园林由于其特殊的功能属性，公共特征毋庸置疑，一些皇家园林在特殊的节日或季节对社会开放，具有“公园”的某些特征，如唐代的曲江池（图 3）。初唐时期，文人集会仍然以皇家和宫廷为中心，中唐以后随着科举制度的确立，科举文人群体间的集会开始逐渐代替宫廷文人集会成为文人雅集的主体。文人雅集的范式到唐代已经大致定型。唐代文人集会出现了更多专门化的集会新主题，比如严维、吕渭等举行的松花坛茶宴、白居易在会昌五年（845 年）三月于洛阳履道里组织“九老会”，这些著名的雅集无论是内容还是形式都对宋代文人雅集和公共活动产生了不可忽视的影响。

图3　曲江池

宋代以来，文人的社会地位提高，文人群体活动的自觉意识增强，谈文论画和宴饮品茗等成为文人雅士日常生活的重要内容，雅集成为文人雅士的一种生活方式，雅集活动更加频繁，此时期雅集活动中完

全确立了文人群体的主体地位和主导作用。宋代文彦博在洛阳集年长者做“洛阳耆英会”，王诜与苏轼、米芾等文人雅士组织西园雅集，自此园林中的雅集风习，一直延续至明清乃至近代。作为文人和市民开展集会活动的重要场所，宋代公共性质的园林有大有小，大者占地万亩，小者不过百亩，但都向公众开放。从数量上来说，中小型公共园林的数量最多，它们散落在城市各处，“每日士女游观，车马填噎”，游览园林已融入城市居民的日常生活之中。在这些公共园林中，修建的主导者大多是官府，而且每年官府都会出面在公共园林中举办一些游园活动，并将社会教化功能贯穿其中。在这些活动中，地方上的乡绅和文士是官府邀请的主角。根据宋代风俗，很多地方选择在春暖花开的三月初三日，在公共园林中“置酒高会于其下，纵民游观、宴嬉，以为岁事”，同时举办一些射礼活动和歌舞表演。宋人有一首诗就是描写了三月三成都西园内的游乐活动：“临流飞凿落，倚榭立秋千。槛外游人满，林间饮账鲜。众音方杂沓，余景列流连。座客无辞醉，芳菲又一年。”因此可以说，宋代公共园林是封建统治者政治、文化、经济的综合载体，具有一定的政治和经济目的，并不完全是封建统治者真的做到“爱民如子、与民同乐”。宋代多次举行“与民同乐”的大型游园活动，是将这种活动当做地方上政定民安的象征，也是教育人民去自觉维护统治，避免威胁到政权稳固事件发生的一种手段。

元代民族矛盾日益滋长，大批文人退隐山林，隐逸之风重又盛行，以游憩为主的雅集活动日渐转向民间。元末明初，在经济发达、文化渊薮的东南一带，资财雄厚而无心仕宦，却又雅好艺术的文士经常举办雅集活动，形成了著名的玉山雅集等影响深远的文人雅集。明代中晚期，随着整个社会的经济方式、思想观念和生活趋向多元化，文人雅集的活动继续绵延与创新，文人的雅化生活情调也发展到新的高度，文人在聚会中将吟诗作画、谈禅品茗、狂歌豪饮、纵情山水等传统名士行径发挥到极致，雅集活动风行全国，以杏园雅集等为代表，形成了极具特色的中国传统雅集文化。很多城市的郊区分布着具有公众游览功能的公共园林，这些都是老百姓可以游览的地段，这些公共游览区域大多为郊外的风景优美处，往往经过绿化和一定程度的园林化建设而开发成为供市民游览的公共园林，城市的发展为公共园林的发展提供了有利的社会环境。受社会经济发展和社会文化意识影响，百姓把游览遗迹作为社会的风尚，一些由历史遗迹、遗址发展起来的公共园林构筑了元大都人民良好的生活方式。随着城市商业渐兴与流动人口的增加，除了城市郊区原先的公共园林仍然受到追捧之外，寺庙园林空间成为普通民众游览的重要场所，并由此发展出许多活动。在城市生活的渗透下，寺庙空间也逐渐世俗化，使寺庙园林空间成为当时意义上的“公共广场”。至清末，随着社会发生变革，园林建设受到西方文化的影响越来越大，终于出现了现代意义上的公园。

综合分析中国古代公园园林的发展历程，可以看出古代公共园林不同于现代的园林，但是两者有着千丝万缕的关系。古代的公共园林大多依托于大自然及风景名胜，而城市公园多修建在人口密集的城市，是人工建造的第一自然，城市园林属于全体市民的游乐之所，它是在官方主导之下修建的，其产权属于官方所有。古代公共园林在营建目的和表现形式上都不同于现在的公园，从建设角度上来说，这些依托自然山水建设的公共园林，不可能像私家园林那么精致，大多通过封山育林、筑堤蓄水和规划特定路径，在路径两旁建设一些亭台楼阁加以点缀，形成一种相对比较粗糙，但是空间容量大、兼容性高的园林环境。有些城市甚至把公共园林建设与城市的水利建设相结合，更是起到了一举两得的效果，这就与现代公共园林的营建具有相通之处了。由此可见，古代无论在思想意识还是造园技艺方面都为公园的出现做好了准备。

15.2 古代儒家“与民同乐”思想与公共园林

中国古代先哲尤其是儒家对于“乐”有着精辟的见解，留存的典籍中有很多相关的记载。《左传》提出“乐以安德”，《乐记》中说“乐以象德”，《国语》中说“夫乐以开山川之风也，以耀德于广远也。风德以广之，风山川以远之，风物以听之，修诗以咏之，修礼以节之”。

可以看出，古人认为乐的主要作用在于感化人心，而具有美学意味的“安德”“风德”涉及了艺术的象征性、可感的形象性，由此乐与德的关系受到广泛的关注。画、诗、乐、舞等各种艺术形式都十分强调美与德、情与理的融合和统一。

孔子提出，仁者乐山，智者乐水。孟子对“乐”的论述较多，影响也较大。他提倡与民同乐，反对独乐。他说：“虽有台池鸟兽，岂能独乐哉！”孟子的忧乐观，影响了后世，成为后世士人思想行为追求的“规范”理念。

白居易是孟子倡导的“穷则独善其身，达则兼济天下”理论的典型践行者。他在任忠州刺史期间，营建忠州东坡园；任杭州刺史期间，疏浚杭州西湖；致仕后居洛阳时，仍带头捐俸，组织乡人修筑龙门八节滩，组织香山九老会，带动了邑郊公共园林的发展。

对古代中国的帝王而言，制礼作乐、教化万民最直接有效的形式之一，便是兴建园林并“与民同乐”，这便是孟子号召与民同乐的真谛所在。唐代是中国皇家园林公共游览的第一个高峰。长安城内公共游赏园林很多，其中相当部分原属皇家园林，后逐步对外开放，成为君民共享的城市公共园林，长安的曲江池就是其中的典型。唐玄宗时期引浐水自城外注入曲江，增建楼阁，恢复“曲江池”景观，使之成为大唐皇家重要的离宫御苑。有唐一朝，长安曲江园池都对市民开放。每至春季市民纷纷前往，几成定俗，而每年的郊游活动又以上巳（三月三）等春天节日为最盛。杜甫《丽人行》“三月三日天气新，长安水边多丽人”，描写的正是上巳节曲江踏青的繁华场景。不仅如此，唐代科举进士们在得中之后，也要在曲江的杏园开宴庆贺。得中者须在曲江池边摘取名花，名曰“探花”，进士三甲也由此得名。杏园宴会上一时才子佳人聚会，引得众多市民驻足观望，曲江春赏与金榜题名的珠联璧合，为盛世长安又增添了一道绚丽的风景。

这种与民同乐，“贤者而后乐”的公共精神在宋代被阐发到前所未有的高度，展现出一种“政和、民安而后君王乐”的政治精神。每年春天，汴京的市民都可以到皇家的御苑里随意游览，甚至在御殿回廊下关扑、兜售，和君王一起享受君父与子民共同的节日。这种以诏令形式确立的、一年一度的御苑开园活动，代代相传，最终凝成了汴京城空前的市民盛宴和最美好的城市记忆。这种公共精神也深刻地影响了南宋及其后的历代皇家园林，使我国古代园林，无论是寺观附园、州府县衙的官署庭园，还是皇家的行宫御苑都体现出较为明确的公共性特征。文人士大夫出身地方官吏也秉承“先天下之忧而忧，后天下之乐而乐”的理念，有为民开辟“同乐”园林空间的意识和责任。滕子京、欧阳修、苏轼等人是这方面的先贤，他们开发邑郊风景园林，参与和组织民间的世俗春游和秋游等活动，与民同乐。我们从两篇流传千古的游记中能很清楚地看到统治阶级的这种良苦用心。范仲淹的《岳阳楼记》和欧阳修的《醉翁亭记》是两篇成就极高、影响极大的游记，而游记的对象岳阳楼和醉翁亭都是向广大人民开放的公共场所，它们虽然大小不等，但在某种意义上说也属于公共园林范畴。但是这两位伟大的文学家在他们的游记中，通过对美丽景色的赞美，流露出来的是教导人们“先天下之忧而忧，后天下之乐而乐”的忠君爱国思想，都带有明显的政治倾向。

在儒家“与民同乐”思想的指导下，对城市公共园林的建设比较重视，使得宋代“郡县无远迩大小，必有园池榭观游之所，以通四时之乐”，城市公共园林在宋代各城市中的数量已非常广泛，造就了宋代繁荣的城市山水文化。从“半城山色半城湖”的济南，到“湖光山色共潋滟”的临安，无一不是有山有水、公共园林体系繁荣的名城。城市都是依山傍水兴建而成的。城内外的这些山水风景，既与城市的生产生活密切相关，也是良好的公共园林建设基础。比如杭州的西湖、泉州的东湖、大名府的香山和西山，都是风景优美的自然山水，在园林营建上具有开放性、近便性和永久性的特点。特别是城中的湖泊，由于地处城内，既方便人们观赏，也有利于官方建设和管理，所以相比山林型景观，更受人们的喜爱。

自儒家思想成为封建社会主导思想以来，“以德化民”都是历代帝王们追求政权稳固的一种手段。因此封建统治者的每一项政策，都带有其政治意义。古代城市中大多都存在一些能体现封建王朝政治、经济、文化发展水平，体现当时民众审美意识，且与城市生活有着紧

密关联的园林类型。孔子说过“道之以政，齐之以刑，民免而无耻；道之以德，齐之以礼，有耻且格”。因此在封建社会，“礼”是社会治理的重要手段，公共园林在推广礼仪的平民化、协助礼治复兴中，也起到过很大的作用。

15.3　佛道修行与公共园林

中国园林蕴含着古人对自然的认识。老子以“道生一,一生二,二生三,三生万物”提出了自然万物的本源，并以“人法地，地法天，天法道，道法自然”告诫人们应该顺从自然规律。庄子提出齐物论“天地与我并生，而万物与我同一”，认为人与自然万物是平等的，不能超越自然。这些“天人合一”的理论影响着中国园林的起源和发展。

本土道教产生于东汉时期，传承于春秋战国时期的老庄思想，其教义核心是“道”，宣传得道成仙，认为天道无为，主张道法自然，社会意义是塑造治世教化空间，美育人性，自我解脱人世烦恼和苦难。道观园林的产生由道教教义和实践的需要而形成，修行、炼丹、研经和成仙等有环境神秘化的要求。早期的道士栖于岩穴，游于山林，之后的宫观选址，以神仙洞天为依据。根据道教典籍，世人通过修炼可成为神仙，神仙各有其神通，其居住地就是人们向往的美丽仙境，如果环境不好就不会吸引信众，但仙境毕竟是虚幻的，无法直观感受，而存在于自然山川中的道观是信徒能够直接接触的地方，宫观的优美自然环境能够带来心灵的感悟，因此在营造宫观时最大限度地利用大自然的空间，力争符合风景审美理念，营造出一方理想的修行场所。

古代印度僧众聚居的地方称为僧伽蓝摩。东汉时建白马寺，佛教传入中国，即改变了早期印度佛僧不事农桑、栖居窟龛的生活环境。魏晋南北朝时期佛教盛行，佛寺大量出现，由于信仰与环境的需要，逐渐形成了自成一体的园林体系。这一时期，山水审美意识开始自觉，高蹈远行的隐逸之风盛行，玄学盛行，由经世致用转为逍遥抱一，而佛教更是将入世变为出世，依托寺观而形成的园林开始从附庸走向独立，而这种独立性当中又导向着一种“舍宅为寺”的现实结果，文人更多地走向寺观赏花吟诗并参禅悟道，而寺观园林为这种带有极大公共性的活动无疑提供了极好的场所，也成为当时社会文化生活的重要补充。

隋唐时期佛教兴盛，形成了“天下名山僧占多”的局面，促进了山岳风景区的形成与发展。唐宪宗年间（778—820年），江西洪州百丈怀海禅师创制禅寺丛林制度，其中的禅堂制度及“虚静”等禅定中的环境空间要求，使得寺院建设开始追求佛寺的园林化和清净化，以及“城市山林”的境界。一直到明清，所谓“三山五园”逐渐成形，将山与园并称，在一定程度上正是承袭了隋唐传统，即皇家园林时常依傍寺观园林建造，两者相互融合、协调共生。

宋代以后，佛寺园林的文人化和世俗化，提升了园林对于佛寺的重要属性。佛家所描绘的极乐世界有花木、流水、莲花、高大无比的菩提树和殿宇、讲堂、居处，本质上就是一种理想人居环境，众生通过修持可以达到这种理想境界。而宋代文人继承发扬唐以来的中隐思想，崇尚隐逸之风越发盛行，回归田园，追求所谓“壶天之隐”，文人希望将园林筑造成为超脱尘世的精神家园，而这种趋势正与寺观园林相互观照，蔚为大观。再如从今天所留存的大量敦煌壁画中，我们也能清晰地看到信众对于佛国世界的描绘，借鉴了众多中国传统古典园林的元素，即山水植物、亭台楼阙，应该说溯源宗教思想中的理想化的境界，现实世界中最为契合者可能莫过于中国传统园林这一人居形式。

佛教从汉开始传入“中土”，及至南北朝时流行于世。唐宋至明清，名僧与名士的来往屡见不鲜，甚至如王维等人兼具信徒与著名文人的双重身份。到明代，士人于园林中进行禅修更不鲜见。如明人顾大典在《谐赏园记》中便自述谐赏园的功能之一为“奉大士像，香灯清静，俨若禅居”，更为著名的还有王世贞的“弇山园”中“建一阁以奉佛经”，而钱谦益作记的“西田别墅”中，其主人则直接于园林中举办佛事，“主人通西方《观经》，妙达圆净，如佛所言，或有佛土，以园观台观而作佛事”。在明人高濂所书《遵生八笺》中，更能见到作者指导造园者如何在园中建造佛堂：“内供释迦三身……案头以旧磁

净瓶献花……”应该说，发展到明代，由于宗教信仰与日常生活的融合，宗教场所也开始与文人园林相结合，而这也为园林的公共性的加强提供了潜在的可能。

当寺观建筑的制度渐趋完善，寺观园林作为开展宗教活动的场所，不可避免地也同时展开了世俗的社交活动与行为，而宗教所具有的天然的包容性，让其所依托的建筑具有了天然的开放特点，寺观园林选址上大多为园林城市，多面向香客、游人、信徒开放，与皇家园林或私家园林的私有性大相径庭，作为宗教与园林结合的产物，具有较高的公共性，可谓开后世现代意义上的“公园”之先河。

参考文献

[1] 周维权 . 中国古典园林史 [M]. 北京：清华大学出版社，2006.

[2] 王劲韬 . 中国古代园林的公共性特征及其对城市生活的影响——以宋代园林为例 [J]. 中国园林，2011（5）：68-72.

[3] 王丹丹 . 北京公共园林的发展与演变 [M]. 北京：中国建筑工业出版社，2016.

16　传统寺观园林与宗教思想

黄亦工

寺观园林是伴随着佛教传入中国及本土道教产生而出现的，在发展演变过程中这些庄严肃穆的宗教场所通过园林化而变得赏心悦目。佛道信仰的逐渐世俗化使得寺观园林有了文人化的倾向，尚保留一些佛国仙界功能，与皇家园林和私家园林相互影响。在寺观园林的发展过程中，宗教思想影响了寺观园林的选址及园林布局和建筑规制等，也对花木配植起到一定的作用。因此，探究宗教思想与寺观园林的相互关系，可以更好地理解寺观园林的本质属性，从而更好地理解中国古代园林的理想家园属性。

16.1　寺观园林概述

16.1.1　寺观园林概念

寺，最早并不是指宗教建筑，而是古代官署的名称，秦代以官员任职之所通称为寺，如大理寺、光禄寺。《说文解字》解释为“训寺为廷”，即官府、朝廷，其实是字面的假借义。汉代佛教传入后，寺开始成为僧人住所。隋唐以后，寺作为官署越来越少，而逐步成为佛教建筑的专用名词。“庙”，在古代本是供祀祖宗的地方。《礼记》“天子七庙，卿五庙，大夫三庙，士一庙”，可见庙是有等级限制的。汉

代以后，庙逐渐与原始的神社（土地庙）混在一起，蜕变为阴曹地府控辖江山河渎、地望城池之神社。寺庙常常合称，都是敬顺仰止之地，得妙法真如之地。

观，《说文解字》解释为“观，谛视也。从见雚声”，《尔雅·释宫》解释为“观，谓之阙”。“观”的甲骨文像睁着两只大眼睛的鸟。《释名》解释为“观者，于上观望也”，可见观就是古代天文学家观察星象的“天文观察台”，汉武帝曾在甘泉造“延寿观”，以后，建“观”迎仙蔚然成风，后来专指道教修行的场所。

寺观一般指佛寺和道观。寺观园林泛指为宗教信仰和意识崇拜服务的建筑群所附属的园林，包括寺庙、宫观和祠院等宗教建筑的附属花园。有的寺观本身就是一座美丽的园林，也包括寺观周围所处的生态环境。

16.1.2 寺观园林发展简史

古代印度僧众聚居的地方称为僧伽蓝摩。东汉明帝时佛教传入中国，兴建官办僧院白马寺，其后寺成为佛教的专用建筑名称，即改变了早期印度佛僧不事农桑、栖居窟龛的生活环境。魏晋南北朝时期，社会动荡加上统治阶级的大力推广，来自异域的佛教开始盛行，由于信仰与修行环境的需要，舍宅为寺、舍身入寺等流行，山水风景地带也开始大量修建佛寺，促进了山水风景首次大开发，在这种条件下逐渐形成了自成一体的园林体系。隋唐时期佛教兴盛，形成了“天下名山僧占多”的局面，进一步促进了山岳风景区的形成与发展。唐宪宗年间（778—820 年），江西洪州百丈怀海禅师创制禅寺丛林制度，其中的禅堂制度及“虚静”等禅定中的环境空间要求，使得寺院建设开始追求佛寺的园林化和清净化，以及“城市山林”的境界。宋代以后，佛寺园林的文人化和世俗化，提升了园林对于佛寺的重要属性，可以说寺观园林的普及是宗教世俗化的结果，城市寺观具有城市公共交往中心的作用，寺观园林亦相应地发挥了城市公共园林的职能。郊野寺观的园林把寺观本身宗教活动的场所转化为点缀风景的手段，吸引香客和游客。

道教是中国的本土宗教，其正式出现是在东汉末期，但其萌芽却是在先秦时期，道教将先秦时期的老子作为祖师。道教注重内丹和外丹的修炼环境，其修炼环境也必然是自然风景优美的山水之地。东晋时期，凡名山大川几乎都有道士的足迹。南北朝时外来的佛教和本土的道教进行了激烈的交锋，在北朝表现为北魏太武帝和北周武帝的灭佛运动。宋代以后，佛道不再相争，渐渐地协调共处于名山风景区之内，其艺术特点也基本类似。明清时期，随着道教的世俗化，道观的园林化也更加普遍。

16.2　寺观园林的选址与营建

16.2.1　选址

东汉时期，佛教从印度传入中国，魏晋南北朝时期，由于社会的动荡、思想的解放，佛教开始盛行，作为宗教建筑的佛寺道观大量出现，许多寺庙、寺塔都选择在风景优美的名山大川兴建，形成了一种自然风景园式的寺庙园林。其主体是风景优美的自然山水，其中的建筑群采取散点式的分散布局方式，每一组建筑群分别控制一片具有自然环境特色的景域。建筑物随山势地形起伏、相机布置，使建筑物完全融入周围的自然环境之中（王群华等，2003）。因此，中国的寺观园林从一开始就具备了与自然环境浑然天成的特质。

寺庙园林根据所处的环境可分为山水寺院和城市寺院两类。山水寺院选址虽大多建在城市郊区的风景地带，但很少选址于人迹罕至的深山僻林，较好的可达性使信众能够较为方便地到达和参拜。除了在风景优美的名山大川之中营建寺庙和道观之外，在繁华的城镇中，也建有不少的佛寺道观。从是否为优美的环境条件来评价，这些寺观的造园条件要比自然山水之间的差一些。一般处于一块平地之上，占地面积并不大，也并没有很好的地形条件，僧人道士常常想方设法地在寺内的空地上栽花植树，置石理水，建造园林小景。有不少寺庙还买下了附近荒废的园池，略加修复，成为相对独立的庙园林。根据北魏

杨衒之《洛阳伽蓝记》的记载，魏晋时期城内不少寺院均建有单独的园林，比如宝光寺堂宇宏美，林木萧森。古代也有一些寺庙源于舍宅为寺，及信众捐出自己的房产，变成一处寺庙，这些房产中原来可能就有园林的配置，稍加修整就成为很好的寺庙园林，如唐代白居易的履道坊宅园，后来成为洛阳著名的园林——大字寺园，到宋代仍然"水竹尚甲洛阳"。

早期寺庙的选址，以魏晋时期高僧慧远建设庐山东林寺最为典型。晋代高僧慧远禅师遍游于北方的太行山、恒山，南下荆门，于东晋孝武帝太元九年（384年）来到庐山，流连于此地的山清水秀，遂在江州刺史桓伊的资助下建寺营居，这就是庐山的第一座佛寺——东林寺。《高僧传·慧远传》载"洞尽山美。却负香炉之峰，傍带瀑布之壑。仍石垒基，即松栽构。清泉环阶，白云满室扮复于寺内别置禅林，森树烟凝，石径苔生。凡在瞻履，皆神清而气肃焉"。从这些文字描述中可以看出，高僧慧远对于寺院基址的选择独具慧眼，也表明这座寺院的内外环境如何结合于地形和风景特色而做出的园林化处理。东林寺的建成，不仅为庐山增添了一处绝佳的风景建筑，也使得庐山成为全国的佛教十大道场之一，这是早期佛教寺院选址的典型例子。道教最早的道观传说是陕西终南山的楼观，山间绿树青竹，其说经台犹如竹海松林中浮起的方舟，常称楼观台。道观的选址与佛寺的选址殊途同归，都体现了对理想修行环境的追求。

从古代寺观园林的发展历程来看，它们的选址与风景的建设相结合，以宗教的出世感情与世俗的审美要求相结合。多选择环境幽静、环境优美的自然山川，且不能离城市较远，具有一定的可达性，并且有水源满足僧侣的生活需要，还受到传统风水学的影响，往往负阴抱阳。殿宇僧舍往往因山就水，架岩跨涧，布局上讲究曲折幽致，高低错落，寺观建筑与山水风景的亲和交融情形，既显示佛国净界的氛围，也像世俗的庄园别墅一样，呈现出天人和谐的人居环境（图1）。名山大川因为其优越的自然环境条件，成为佛寺道观选址的优选之地，也出现了"天下名山僧占多"的说法。

图1　四川青城山道观

16.2.2　花木配植

寺观园林在进行主要祭拜活动的主要殿堂之间及两侧，常常栽植许多高大的常绿乔木，对称放置建筑小品，以烘托庄严的宗教气氛，形成一个以建筑为中心、较为规则的园林空间，在一些幽静的禅房外常常栽植一些开花的植物，修行的时候能够感受到花开花落、四时的变化。由于有僧侣道士一代接一代的精心管理，寺观园林中景观甚为古朴，往往古木参天，多有名贵且具文物价值的古树，如浙江天台国清寺的隋代梅花、北京潭柘寺的古银杏帝王树和配王树、戒台寺的古松、大觉寺的古玉兰。这些焕发生机、古拙苍劲的大树，能使人产生庄严而神秘的观感，而增强园林艺术的魅力。

佛教经过长期的发展而形成的一整套管理机制——丛林制度，主要对禅宗而言，通常有两层含义：一是说众多的比丘一处和合，如同大树丛聚，所以僧众聚集的地方为“丛林”；二是丛林也借喻草木生长有序，用以表示在其中修行的禅僧有严格的规矩和法度。因此，佛寺建筑的外围常常利用植物来进行遮掩，使得寺院隐于深山幽谷之中，绘画史上“乱山藏古寺”的故事就是很好的例证。宁波天童寺前有廿

里松林引导，“未入天童心先静，松风廿里引入行。千年古刹寻难见，一群散鸟起钟声”。信徒或香客行于蜿蜒曲折的松林道上，宗教情绪慢慢酝酿产生，遥听悠远沉浑的钟声，把人引向佛的境界。天目山禅源寺则隐于千寻覆碧荫的古杉林间，古幽泉清，浓荫蔽日，“霜枝不改烟霞色，暝叶时闻风雨吟”，表现万木丛中藏古寺，佛门净土有洞天（图 2）。

寺观园林中多栽植花木果树，除具有观赏特性、食用特性等实用方面价值之外，往往还具有一定的宗教象征寓意。道教认为桃是食后使人长寿的果品，因而很多道观中栽植桃树。以桃花之繁茂而著名的有唐代长安城内永崇坊的华阳观，“华阳观里仙桃发，把酒看花心自知，争忍开时不同醉，明朝后日即空枝。”（唐代白居易《华阳观桃花时招李六拾遗饮》），崇业坊内元都观（玄都观）中的桃花亦闻名于当时之长安，“人人皆言道士手植仙桃，满观如红霞”，刘禹锡多次游览，曾作《元和十年自朗州召至京，戏赠看花诸君子诗》“紫陌红尘拂面来，无人不道看花回；玄都观里桃千树，尽是刘郎去后栽”。在佛教典籍中有很多与佛教教义有关联的植物，佛寺园林中与佛教内涵有关的一些植物多有栽植，如出淤泥而不染的莲花，具有丰富的历史文化内涵，红白相间，翠叶田田，以其出淤泥而不染的本性为佛家所崇尚，不但广植于寺庙池塘之中，还被奉为圣物，雕为莲花座和佛手持的吉祥物等；抵御邪恶给人祝福的菩提树，一般认为菩提树与释迦牟尼的成道直接有关，因而被称为佛教圣树，暴马丁香、七叶树等植物被认为是北方的菩提树，很多寺庙中都有栽植。佛教经典中其实并不常见“菩提树”之名，更多见的是它的另一个名字“毕钵罗”。此外还有佛

图 2　明 · 钱谷《定慧禅院图》（故宫博物院藏）

教中的著名的“五树六花”，在傣族寺院中是必不可少的。一般来说，“五树”是菩提树、大青树、贝叶棕、槟榔、糖棕或椰子，其中有的是佛树，有的是刻写经文所必备和赕佛所必备的；“六花”是则指荷花、文殊兰、黄姜花、黄缅桂、鸡蛋花和地涌金莲。

此外，城市远郊和山野风景地带的寺观，除了经营附属园林和庭院绿化外，更注意结合所在地段的地形、地貌，有利于寺观古树名木的保存。很多寺庙道观都有古树名木留存，如北方寺院中的古银杏树、古松、古玉兰，南方寺院中的古桂花等。

16.3 宗教思想与寺观园林理想追求

佛教自两汉之际从印度传入中国，为适应汉民族的文化心理结构，它的教义和哲理在一定程度上融合了一些儒家与老庄的思想，以佛理而入玄言。它的因果报应、轮回转世之说，对于苦难的人民颇有迷惑力和麻醉作用，受到人民的信仰、统治阶级的利用和扶持。道教作为本土文化形成于东汉，不仅在民间流行，同时也经过统治阶级的改造、利用而兴盛起来。正是由于当时汉民族文化传统所具有的兼容并包的特点，以及深受儒家和老庄思想影响的中国人，对宗教信仰一开始便持有的平和、执中态度，因而魏晋时期佛道盛行，作为宗教建筑的佛寺、道观大量出现。佛家所描绘的极乐世界有花木、流水、莲花、高大无比的菩提树和殿宇、讲堂、居处，本质上就是一种理想的人居环境，众生通过修持可以达到这种理想境界。

我国本土的道教发源于春秋战国时期的方仙道，形成于东汉时期，一般认为创始人为东汉顺帝时的张道陵。道教以“道”为基点建立道教的神学理论体系，是一个崇拜诸多神明的多神教原生的宗教形式，主要宗旨是追求长生不死、得道成仙、济世救人，认为天道无为，主张道法自然、道生万物的宇宙本体论和阴阳转化、规律运动的辩证思维法，其产生和存在的社会意义是塑造治世教化空间，美育人性，自我解脱人世烦恼和苦难。道观园林的产生由道教教义和实践的需要而形成，修行、炼丹、研经和成仙等有环境神秘化的要求。道教的神仙

境界主要分为六种，三十六天、神山仙岛、洞天福地是神仙的居所，名山大川、人间宫观是仙境的延伸。早期的道士栖于岩穴，游于山林，之后的宫观选址，以道教典籍里的神仙洞天为依据。神仙居住地就是人们向往的美丽仙境，如果环境不好就不会吸引信众，但仙境毕竟是存在于意识之中的，是非常虚幻的，对于修行者来说无法直观感受，而建立于自然山川中的道观是信徒能够直接接触的地方，宫观的优美自然环境能够带来心灵的感悟，可以直接吸引信众，因此在营造宫观时最大限度地利用大自然的空间，力争符合风景审美理念，营造出一方理想的修行场所。许地山认为："从中国人日常生活的习惯和道教的信仰看来，道的成分比儒的多，我们简直可以说支配中国一般人的理想与生活的乃是道教的思想。"

16.4 结语

佛寺和道观对广大的香客、信徒甚至游客开放，不仅成为宗教活动的中心，也是公共游赏的场所和风景名胜区内原始性旅游的主要对象，较之皇家园林和私家园林更具有群众性和开放性。其选址和建筑营造、花木的配植等除了满足修行者的居住和宗教活动之外，还需要满足信众参拜等实际的需要，因此其环境的营造需要具有较强的吸引力，以尽可能地符合宗教思想或理论体系中所描绘的理想境界，这样才能够从内心深处打动信众，使之更好地信仰。无论是佛教还是道教，都描绘了一个经过修行能够达到的理想境界，佛教的天国，道教的仙境，其本质上都是优美的环境。因此，寺观园林成为理想的身心栖居之所，其本身所具有的环境地域优势成为其蓬勃发展的重要原因，使得寺观园林成为中国古典园林的重要类型。

参考文献

[1] 周维权 . 中国古典园林史 [M]. 北京：清华大学出版社，2006.

[2] 金荷仙，华海镜 . 寺庙园林植物造景特色 [J]. 中国园林，2004（12）：50-56.

[3] 王群华，白石，白日新 . 园林建筑的生成模式和地域特色——湖南省永顺县观音寺的案例研究 [J]. 北京林业大学学报（社会科学版），2003（2）：24-30.

[4] 许地山 . 许地山讲道教 [M]. 南京：凤凰出版社，2010.

17　中国近代园林的发展脉络

刘　冰　吕　洁　陈进勇

近代以来，中国园林的发展进入一个承前启后的转折时期。园林也被深深地打上了各种时代的烙印，在崎岖中仍然沿承着对美好的追求，在战乱中不断收拾着残局，出现了以公园为代表的城市园林，其建设和推进则大致经历了三个发展阶段：租界公园的出现、私园共用（经营性私园或营业性私园）和政府主导建设的公园，以及由此带来对公园文化的认可。其中租界公园的产生标志着近代西方公园文化在中国本土的引入，也成为加速传统园林向现代园林转变的重要促成因素，在此基础上，经营性私园作为过渡性的公园形式，反映了私家园林向公家花园的转变，公园开始作为城市生活的重要内容而向前发展，结合古代公共园林的发展过程，由雅集到市集、由私园到公园、由有限人使用的园林到作为公共娱乐空间的公园，可以说完成了合乎逻辑的发展。

17.1　传统园林的困局

1860 年和 1900 年帝国主义列强两次对北京皇家园林的抢夺和焚烧，是中国近代园林史上抹杀不了的最重要的历史事件，它不仅使中国人民蒙辱，在世界文明史上也是不容忽视的耻辱事件。此后，圆明园等皇家园林中的遗址及留存文物又在不同时期被不法分子不断盗取，使这些留存的园林面目全非（图 1、图 2）。以三山五园等古典皇家园林的罹难为代表，虽然重修颐和园被认为是中国皇家古典园林的“回光返照”，可以说现在颐和园为中国皇家园林研究和保护展示了鸿篇巨制的蓝本，但是近代中国传统园林确实是进入了一种困境。

图 1　圆明园铜版画

图 2　圆明园废墟老照片

辛亥革命后，原来为帝王服务的皇家园林社稷坛、北海、中南海、景山、天坛、颐和园陆续为大众开放为公园，完成了从禁苑到公园的

功能转换。中华人民共和国成立前，北京地区的皇家园林有的毁于战火，早已无存；有的被占为他用，支离破碎；有的常年失修，逐渐荒废。这一时期显示了皇家园林由兴盛走向衰败的历史进程。

在西风东渐的社会背景下，传统园林如何继承和发展成为一批接受西方影响的留学归来的中国青年建筑师思考的问题。受到当时社会思潮的影响，产生了中西合璧的建筑与庭院园林，成为中外思想融合的产物。但是当时优秀的园林作品并不多，与当时国力单薄、兵荒马乱有关，在此背景下，一批有作为的规划师、建筑家、园林学家却在这个时期走向成熟，并酝酿了不少停留在图纸上的园林和建筑，成为特殊时期的发展特点。

17.2　租界园林的兴起

鸦片战争以后，中国社会发生深刻变革，由闭关锁国的封建社会逐步沦为半殖民地半封建社会。根据清政府与帝国主义国家签订的一系列不平等条约，旧中国的一些沿海城市如上海、广州、宁波、天津等地相继成为对西方列强开放的通商口岸。依照中外条约，西方殖民者在各通商口岸划定区域内享有租地及居留权。这些划定的区域成为中国近代城市中的畸形产物——租界。租界在中国是指近代历史上帝国主义列强通过不平等条约强行在中国获取的租借地的简称，多位于沿海的港口城市。各个帝国主义国家在不同城市建立的租界，是西洋文化和中国传统文化以及地域文化承载体。多元文化的重要组成文化，见证了民族发展上的屈辱历史，也见证了城市的转型发展。各国殖民者为了满足自身享乐与租界内市政建设的需要，在租界中修建了各自的公园绿地，即租界园林。在这些形形色色的租界园林中，最具代表性的是上海和天津的租界园林。

上海因租界设立最早、面积最大、历时最久成为中国近代化起步最早、程度最高的城市，中国的第一座租界公园也在上海率先建成——1868 年 8 月 8 日，由上海工部局监督管理，在原先英国驻沪领事馆前两面临江的涨滩建成的公共花园（public park）正式对外开放，清政府时期将其翻译为公家花园或公花园。作为一座真正意义上的近现代公园，它的落成为中国近代园林史画上了转折性的一笔，具有划时代的意义。其他还有虹口公园、法国公园（今复兴公园）和兆丰公园（今中山公园）等一系列大大小小的园林。天津、武汉、广州等地的租界内也兴建了大量公园，如天津英租界的维多利亚花园、日租界的大和公园等。租界园林的建设与发展体现了西方早期现代园林的公共理念和城市意义，诱发了本土园林的裂变，从而整体改变了近代园林的性质与功能。

租界公园直接将西方园林理念和形式引入，这些与传统园林有本质的区别，总结起来主要是：园居分离，服务对象和范围扩大；借以新型的交通方式，园林选址更远、材料来源更广，造园速度更快；具备满足大众多层次需求和改善公共健康、城市卫生的新功能；作为城市重要的公共空间，具有环境调和与美化、产业富集与经济提升等城市功能。

在租界之内建造的公园作为新兴事物，自然引起了国人的兴趣，但由于近代中国积弱积贫，虽然是公共性质的园林，在租界内建设的公园也不可避免地带来不平等的待遇，虽然经过抗争得到一定的缓和，但仍然满足不了市民的游览需求。上海租界内第一座公园却在事实上并不对全体华人开放，如其公园《游览须知》中规定“华人无西人同行，不得入内”，这等于将大多数华人排除在外。上海士绅中有不少对租界这种歧视华人的行为颇为不满。有的公园甚至把《游览须知》中“狗及脚踏车切勿入内”的规定与“华人无西人同行，不得入内”的规定合并置换成“华人与狗，不得入内”，由此激起了国人的民族义愤与对外的仇视心理，极大地刺激了国人。1885 年 11 月 25 日《申报》就登载了上海华商致公共租界工部局的联名函，要求准许华人进入外滩公园。后来工部局在多方压力下，确实另外建造了公园，但这一新建公园在设施等各方面都远不如外滩公园，其建立仅是为了平息舆论而已。在这种独特的社会发展背景下，其他城市的租界公园都经历了差不多的遭遇。

以外国人为主体开发建设的避暑胜地别墅群，是在占有城市租界

后，又想方设法地租用靠近城市、交通方便的景色优美地段，建造的特殊建筑群落。近代西方工业的发展，导致城市扩大，人口剧增，污染严重，在对城市与人及自然相融合的理想居住模式探讨中，产生了空想社会主义思潮、花园城市理论、乌托邦的理想主义，它们都是将自然景色融入城市，与自然紧密结合的生活方式。租界式别墅建筑群——庐山的兴建就是在西方列强对中国政治文化入侵的背景下，在特定的地理位置和自然环境下出现的产物。这类大规模的避暑胜地的建设，随着战争的到来，与租界城市一样，虽然有过短暂的重建恢复，但是频繁的战乱还是使得它们逐渐走向衰落。

17.3　经营性（营业性）私园

传统园林一般为私人所有，不对普通民众开放，只允许园主人邀请的客人入内游览，因此其服务对象可以说是特定群体。而公园作为城市中面向更大范围服务对象的重要公共空间，是作为近代城市文明的一种象征而出现的。上海、天津、武汉等城市逐步转型成为国内较早具有现代意义的大都市，其中的租界园林虽然开阔了市民的眼界，但由于其数量较少，且自身管理模式等方面的局限性而不能满足普通市民的游览需求，在这种特殊历史背景与社会环境下，一些具有超前意识的人士，开始利用自身的条件寻求改变，由此城市中出现了一种独特公用私园，它们对公众开放，但产权属私人，是以营利为目的的园林。对于广大民众来说，这类私园的公共性远高于一些名为“公园”的公共空间，由此这些私园实际上扮演了公园的角色，成为不是公园的“公园”，这就是所谓的经营性私园（营业性私园）。

公园作为一种新生事物，其突出表现是休闲活动空间、社会活动空间、政治活动空间的重合，其带来了人们思想认识和生活方式的转变，这种全新的城市公共娱乐空间模式影响了传统私园的活动理念和活动样式。作为应运而生的大众休闲娱乐空间，经营性私园本质上是一种典型的公园，其产生与近代中国社会的剧烈变动密切相关，而它的包容与开放的特点又为广大华人群体的活动提供了广阔空间与舞台；

它所承担的社会功能及其社会影响也远远超越了普通私家园林所具有的功能与作用，而与社会变迁、政权鼎革紧密地联系在了一起。经营性私园从其独特的发展道路上看，在中国园林的近现代转折期有其重要意义，也具有鲜明的时代特征。

经营性私园也对传统园林多加继承，传统的楼阁、亭台、水榭等建筑形式都沿袭了下来，从总体上说大部分的风格是中国古典式的，但是也有很多西方式的建筑和景观元素。场所的开放性和活动的公共性的理念及具体处理手法被引入了经营性私园中。在园林建筑营造上，有别于传统私园建筑有法而无式、迂回曲折、参差错落的灵动机变，经营性私园因集会功能与游艺功能的需要，一反传统亭台楼阁唱主角的建筑布局，将大体量的西式建筑物引入园内，成为点睛之笔。开敞的活动场地和大型的建筑构筑物打破了玲珑幽闭的内向型园林空间布局，使之呈现出中西杂糅的格局。经营性私园与传统私家园林一个最大的不同，还表现在主体建筑的设计上，一般来说园中有一个主体建筑，多为建得比较高大的西式建筑，如上海的经营性私园张园内的安垲第位于园中央，是当时上海最为高大的西式建筑。

17.4 政府主导公园建设

公园作为一个新生事物出现之后，逐渐走入了社会公众的生活，但是在这个特殊的历史阶段，租界园林和经营性私园远远无法满足市民的需求，兴建满足市民的需求的足够数量的公园显然是租界和个人经营者无法完成的事情，那些大型园林的兴建离不开雄厚的经济实力，政府在这方面具有一个商人所不具有的经济优势。正是在这样的时代背景下，由政府中一批具有国际视野的学者型官员的倡导，政府主导兴建的一批城市公园相继诞生，它们既是城市休闲、文化、政治、教育的多功能空间，也是各阶层各组织包括普通市民、政府当局、社会团体的重要活动舞台，公园终于作为市政设施走上了历史舞台。

进入20世纪以后，西方的民主思想对中国的影响越来越深入。为了寻求救国的道路，西方的民主思想、民主制度被中国的进步人士

拿来作为救国救亡的武器，“民主”得到大力宣传。1905 年孙中山提出“三民主义”以来，民主与共和开始出现在人们的视野中并为越来越多的人所接受。随着资产阶级民主思想在中国的传播，清末和民国时期政府对公园的推崇及社会舆论对公园的提倡，使民众对公园的认识逐步加深，对公园等公共活动空间需求不断增强，而公园的本质是为大众服务，是一切人平等享受的场所，是所有人劳动之余休闲娱乐的场所。近代以前很长一段时间里，平民百姓少有公共的活动空间，大多是茶馆、庙会、街道等场所。广大平民缺乏公共的活动空间，而公园这一新型空间的“公众拥有的性质”自然得到广大平民的认同，而公园设置的目的就是调剂劳苦人民的生活，给予其以精神的安慰和舒畅。基于此方面的考虑，政府将城市公园建设视作改善生活方式的一项重要内容。因此，可以说在民主思想潮流的影响下，以民国政府为主导的公园建设在全国范围内展开，公园建设得到了大力的发展。

政府主导建设公园，利用原有的园林尤其是皇家园林开放是一个可行的方法，政府先后将一批皇家宫苑、坛、庙向市民开放，逐步兴建了城市公园、墓园等。最有名的当属开放中央公园，由朱启钤倡导。1914 年北京社稷坛被改为中央公园，传统的帝制空间秩序被打破。这是当时北京城内第一座公共园林，也是北京最早成为公园的皇家园林之一。这种转变实现了“私人”到“公共”的变革，历代宫苑与曾经的禁地相继开放，使城市公共空间出现了平民化的倾向（图 3）。

全国各地在公园建设方式上都比较相近，大多采用将旧官府衙门或庙宇改建为公园，利用风景名胜扩建为公园，借助山水修建公园和择地新建公园等几种方式。建设公园向人们传达了这样的时代意义：一方面，封建等级尤其是政治身份的消失，封建专制制度的灭亡，对封建思想意识的否定；另一方面，凸显了广大平民的主体地位和价值，近代民主政治的建立，平民活动空间和权利的扩大。

除官府衙门外，传统的具有浓厚政治色彩和封建秩序象征的皇家园林、庙宇、学宫在民国时期作为封建落后的象征常常成为改造的对象。近代城市公园作为城市改造的重要组成部分，被认为是建设新生活、新社会的重要标志。在战乱不断的近代中国，无数革命先烈在各种斗争中前仆后继，壮烈牺牲，纪念性园林式墓园的修建也是近代园林突出的特色之一。

图 3　中山公园唐花坞外假山

20 世纪 20 年代，政府主导建设的公园着眼于城市的市民，很多城市的公园采取了中西合璧的风格，各个城市一系列城市公园相继设立，造园大多沿袭传统园林的风格，融合中西园林风格，游园布局则以新型的市民休闲娱乐空间为主，同时，将部分传统私园及洋人花园收归国有，开放成为全民共享的公园。南方的广州，在市长孙科的领导下引入了科学规划思想，成为近代中国市政改革运动的发源地，兴建了许多公园。中山公园作为城市公园的一个缩影，其发展的过程在很大程度上代表了城市公园的演变，全国新建、改建了一百余座中山公园，象征着民主的胜利。以北京中央公园改称中山公园为代表，湖北的武昌首义公园、汉口中山公园、襄樊中山公园，30 年代沙市的中山公园、光化县的中山公园等具相当规模。“公园之设，所以供人流连娱乐，似乎无关紧要，不知娱乐之一事，最与人之心理及道德有关，正当之娱乐，其足以收移风易俗之功，大于教育”，“振兴市面提倡公义，改良风俗，辅助社会，其利益实非浅显”。中山公园建设充满着浓厚的政治色彩和规训民众的意图，“实行中山主义，提倡中山主义，建设中山公

园”，乃因“中山先生之伟大人格，革命精神，在足为吾人之模范，现在先生虽死，先生之精神未死。吾人为先生永留纪念先生之”。

辛亥革命后，“天下为公”“平等”“博爱”等民主思想也逐渐反映在城市自发的建设中。不少进步人士极力宣传“田园城市”的思想，倡导筹建公园，并纷纷募资建造公园，而且都是免费对外开放。在私家宅园、府署庭园进一步发展的基础上，以民间建设为主体的一批向公众开放的近代城市公园相继诞生。建设公园除了得到地方人士的倡导外，政府当局将其纳入市政建设范围则在制度上为公园的发展提供了保障。

17.5　结语

近代社会发展和城市发展是公园产生的前提和基础，而建设公园是城市发展的必然趋势。公园推动了城市政治、经济和文化的发展，是市民展示丰富社会生活的平台，同时也生动地记录了城市发展变迁的历程。脱胎于传统园林的城市公园，在传承了古典园林的基本设计和构景理念的基础上，从近代开始融入了民主、科学的发展成果，体现出迥异于传统园林的开放性、包容性或大众性特征。这些早期的市政公园有些在抗战中被毁坏了，但它们的兴建无疑为以后各地城市园林的进一步演进和发展奠定了基础。

参考文献

[1] 朱均珍．中国近代园林史 [M]. 北京：中国建筑工业出版社，2012.

[2] 刘秀晨．中国近代园林史上三个重要标志特征 [J]. 中国园林，2010（8）：54-55.

[3] 周向频，陈喆华．上海古典私家花园的近代嬗变——以晚清经营性私家花园为例 [J]. 城市规划学刊，2007（2）：87-92.

[4] 张繁文．清末上海经营性私园的特点及其兴建原因探析 [J]. 装饰，2011（4）：80-81.

[5] 杨乐，朱建宁，熊融．浅析中国近代租界花园——以津、沪两地为例 [J]. 北京林业大学学报，2003，（3）：17-21.

18　中国近现代“中山公园”“人民公园”等现象探析

潘　翔　孟　妍

中国园林传承于历史悠久、文化深厚的古典园林，经过了曲折漫长的发展历程，到近现代开启了新的发展阶段，无论是内容还是形式都发生了很大的变化，以近代公园的出现为代表，逐渐走上了蓬勃发展的道路。在近现代中国园林发展的不同历史阶段，曾出现了“中山公园”“人民公园”“解放公园”等具有时代特征的园林建设，在一定程度上反映了此时期社会文化的发展，通过分析这些现象可以更好地理解现代公园的本质属性和文化内涵。

18.1　中山公园的建设

18.1.1　中山公园建设历史

以中国民主主义革命的伟大先行者孙中山先生的名字命名的中山公园，是世界上数量最多、分布最广的同名纪念性公园，是为了纪念孙中山先生而命名的公园。在国内各地甚至国外也分布有很多中山公园。作为特定历史背景下产生的历史人文营造，中山公园与孙中山先生及其领导的旧民主主义革命这一重大历史事件紧密相连。

清末至民国时期，国内城市中出现了现代意义上的公园，作为一

个新生事物受到民众的认可，政府也开始开辟公园供人们游览观赏。由于公园所具有的开敞空间和方便的游憩设施，公园被逐渐赋予了集会、演讲、展览和商业活动等功能，成为近代新生活运动开展和社会文明程度提升的重要内容。

中山公园的建设是纪念孙中山先生的独特形式，不少中山公园与孙中山先生有着深厚的历史渊源，而很多是由原有的公园直接改名。1912 年 8 月，孙中山先生应袁世凯之邀北上共商国是，曾在天津公园（后改称河北公园）发表过演讲，后来纪念北伐战争成功、追念孙中山先生为国奋斗的功绩，将河北公园正式定名为“中山公园”。1912 年 10 月，孙中山先生在原江苏学政衙署后花园桐梓堂发表过演讲《叫全国的文明从江阴发起》，此公园后来改为江阴中山公园。韶关中山公园曾是孙中山先生 1922 年 5 月和 1924 年 9 月举行誓师大会的会场。孙中山逝世后仅 20 天（1925 年 4 月 1 日），广东将观音山改建为中山公园。随后贵阳唯一的公园改名为中山公园，汕头中央公园改名为中山公园。1928 年，孙中山逝世后举行公祭大会的中央公园更名为北京中山公园，曾作为灵堂的拜殿改名为中山堂。此外，青岛、济南、汉口、惠州、上海等地的一些城市公园也改称为中山公园。除原有公园更名为中山公园以达到纪念孙中山先生的目的，也有城市特意新建中山公园以资纪念，如 1927 年筹建、1929 年秋落成的宁波中山公园，1927 年筹建、1931 年建成的厦门中山公园，始建于 1928 年的佛山中山公园，还有温州、龙岩、深圳（保安）、江门、龙州、北海等地都相继新建了中山公园。这些新建的公园同样发挥了纪念性公园的作用，也为所在城市提供了一处市民活动的理想场所。港澳台等地区的城市也有兴建中山公园，国外也有一些城市如温哥华、新加坡等都建有中山公园。

18.1.2　中山公园现象分析

孙中山先生是中国伟大的革命家、政治家和理论家，是近代民主主义革命的先行者。1925 年 3 月 12 日孙中山先生在北京逝世，为缅怀和纪念他对中国革命作出的巨大贡献，全国各地出现了各类以他的名字命名的纪念物，如中山陵、中山纪念堂、中山大学、中山医院、中山图书馆、中山公园、中山植物园、中山路、中山林、中山舰等，可见孙中山先生在人们心目中的崇高地位。由于民众对孙中山先生的崇拜及对其治国理念的认同，在孙中山先生逝世后，全国很多城市掀起了建设中山公园的高潮，以表达敬意并缅怀孙中山先生的伟大成就。孙中山先生逝世近百年来，中山公园的数量虽经快速增长，然后又逐渐减少，至今仍有 90 余座，而且现代仍有增建，反映出其强大的生命力，与其所起的功能和作用是密不可分的。

中山公园最初建设时代正处于中国社会和思想深刻变革的年代，最早的中山公园历史超过百年。中山公园的历史真实地反映了中国公园的曲折发展历程，折射出中华民族的反帝反封建的历史和命运。公园是近代城市的重要组成部分，不少地方的中山公园是所在城市最早兴建的公园，有的是所在城市面积最大的公园，有的甚至是所在城市唯一的公园，从中可以看出中山公园在特殊时期城市建设中的重要地位和意义。汕头中山公园是汕头市现存建园最早、规模最大的综合性公园，汉口中山公园的前身即是“汉口第一公园”，惠州中山公园有着“惠州第一公园”的美誉，北海中山公园是北海市历史最为悠久的公园。“倘无公园为调节，则精气潜消而民族或流于脆弱”，厦门在 1927 年建设中山公园的基础上，又建成虎溪、延平、太平、醉仙等多处城市公园，增添了城市文化内涵。

中山公园作为历史上同名数量最多的公园，在近代园林发展史上具有里程碑的意义，在中国园林史上也具有重要地位，有着重要的艺术价值、社会文化价值和文物保护价值。中山公园不同于西方因城市建设运动而兴起的公园，也不同于一般的城市公园，它作为特定的思想意识和具体的公共空间出现在各地，成为与市民日常生活紧密、历史悠久、影响深远的空间，向世人彰显着其存在的价值。它是社会记忆生成的装置，承载着一个城市近一个世纪的历史，它不仅是娱乐休闲公园，而且是国家权力空间化与意识形态的载体。民国时期大规模的中山公园建设运动，伴随着“三民主义”的理想，

极大地促进了中国近代公园建设的进程，并留下了宝贵的历史文化遗产。

中国很多历史事件都是发生在中山公园，它不仅承载了民族历史的变迁，还传承了中华民族的历史使命和伟大领袖的革命精神。中山公园作为许多城市最初建立的公园，是城市公园兴起的标志，不仅有别具一格的精美建筑，还具有丰富的历史文化内涵和民族精神。很多中山公园中设立了中山纪念堂、孙中山铜像等纪念物，市民和学者可以在中山公园进行政治演讲和思想交流，为新文化、新思想的传播提供了自由的空间，通过纪念碑、历史图书室等让人们更多地了解历史文化和精神。中山公园还是市民休闲娱乐的场所，可以在公园喝茶、下棋、聊天等，促进人与人之间的沟通和交往。中山公园曾发生过很多重要事件，需要人们去回味历史，接受教育。李大钊就曾在北京中山公园发表过著名的演说《庶民的胜利》。周恩来于 1915 年在天津中山公园为天津救国储金募捐大会登台演讲。济南中山公园也是当地民众最主要的革命集会地点，透过集会力量，大众舆论向政府施压，向侵略者抗议。

近代以来，在公园的建设中，受到西方思想的影响，公园建设的风格多样，先进的建筑技术与精湛的造园艺术手法，造就了不少中西合璧的园林佳作。中山公园的属性是公园，其本质是面向大众开放服务的场所，是各民族、各阶层、各行业人所共有的财产，体现出社会的自由、民主和公平。随着国外公园的概念传入中国，公园被民国政府作为园林的主要发展形式，满足公众对文化生活的需要，中山公园的建立正是迎合了社会文明发展的需求，因而能延续至今。中山公园分布范围广、数量多，风格也丰富多样，建设公园时将传统的园林设计与西方景观相结合，自然的园林景观与现代化的设施相结合并且不失中国传统的民族特色。此外，中山公园内部部分建筑还被列为全国重点保护文物，凸显了城市文化发展的深厚底蕴，这些公园中留存的古树名木也是重要的“活文物”（图 1）。

图 1　中山公园古树

18.2　人民公园与解放公园

中华人民共和国成立后，毛泽东发出了“大地园林化”“绿化祖国”的号召，全国各地积极响应，开始了大规模的重整山河新建家园的运动。可以说，当时的人民公园建设是中华人民共和国成立后人民当家作主的一种时代象征。毛泽东主席曾亲自为天津人民公园题字，人民公园在 20 世纪 50 年代建设完成，主题内容一般包括儿童乐园与人民英雄纪念碑、动物园等，成为老百姓休闲娱乐的重要场所。

这一时期的城市规划和公园建设，充分体现了社会主义人民当家作主的特征。北京市曾一次性地划拨了 42 块土地用于公园建设（图 2）。上海市政府号召全市人民参加义务劳动，用一锹一镐担挑肩扛建设了银锄公园（今为长风公园），也包括在帝国主义租界内遗址上兴建的人民公园（图 2）。这样一种建设热潮体现了人民当家作主的时代变革，中国人民从此站起来了。这是中国结束近百年的战乱屈辱对未来生活的一种憧憬和期望。1958 年著名科学家钱学森先生在《人民日

报》发表了《不到园林——怎知春色如许》一文，倡导用祖国的园林艺术来建设我们社会主义城市。

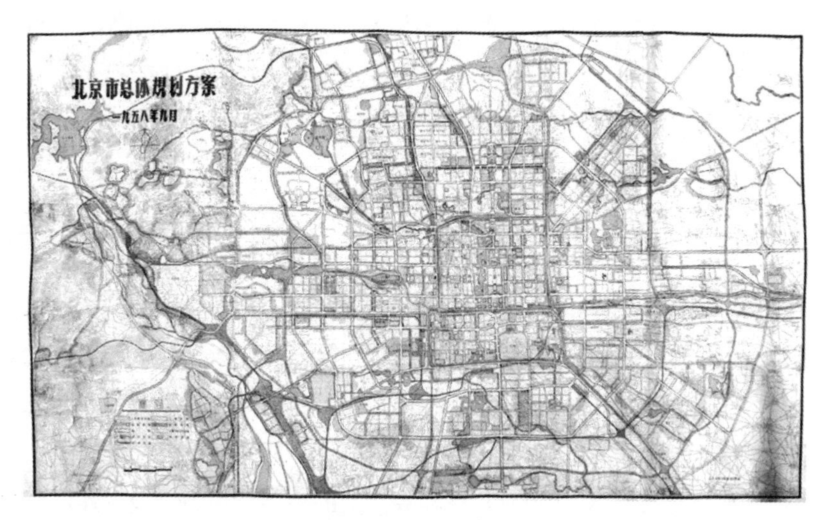

图 2　北京市 1958 年城市规划

中华人民共和国成立后的公园建设中强调了“社会主义内容”，这主要包括一系列的政治意识形态，例如党性、社会主义精神风貌、大众精神风貌等，也突出中华民族的文化传统，中华民族的文化遗产则是“民族形式”的源头活水。中华人民共和国成立初期公园文化一是彰显了人民当家作主的时代特征，造园手法则是发展了古典园林表达诗情画意时常采用造景传统，将反映社会主义内容的园名（如人民、解放、胜利、劳动等）置于公园的名字中，体现在简洁化的牌匾中；二是留存的历史名园作为公园开放，以较低的票价使之真正成为劳动人民共享的公共游憩地，如北京的太庙成为了劳动人民文化宫，这就成为这一时代的经典形象和特征；三是公园的建设体现了人民城市人民建、全民参与义务劳动的特点，动员更广泛的力量参与公园的建设和管理；四是融入了诸多纪念性主题公园，这成为公园类型多样的表现；五是充分考虑儿童对公共空间的使用，很多公园中开辟了动植物与儿童娱乐区，容纳社会活动的建筑设施成为饶有趣味的文化娱乐中心，而非简单追求风景优美的绿地空间。

与此同时，园林学科在汪菊渊先生和吴良镛先生的倡导下，于

1951年由中国农业大学和清华大学联合创立。后在教育部的调整下将园林专业调整到北京林学院。受当时苏联的影响，学科创立初期名为居住区与城市绿化专业，设立了园林设计与园林植物两个专业，到70年代改名为园林系。这些都为公园的蓬勃发展奠定了重要基础，这一时期的时代背景也是人民公园和解放公园等出现的根本原因。

18.3 结语

城市公园的发展是中国传统园林发展到现代以后的重要建设形式，公园共有和共享是现代园林区别于传统园林的最主要特征，建设理念和服务对象都体现了广泛的使用范围，逐渐体现了以人为本的建园思想，园林也逐渐成为城市中唯一具有生命的基础设施，具有了生态、景观、游憩、文化和应急避险等多元的功能。中山公园和人民公园、解放公园的出现，体现了鲜明的时代特征，也反映了中华民族对于理想生活的追求，这是社会观念反映在公园建设中的重要形式。在今后建设公园城市的过程中，应该继续挖掘相关公园的历史文化内涵，使公园能够更好地服务社会公众的文化生活。

参考文献

[1] 朱均珍 . 中国近代园林史 [M]. 北京：中国建筑工业出版社，2012.

[2] 许树俭，雍东格 . 黄婷婷 . 我国中山公园的发展探讨 // 中国公园协会 2004 年论文集 [C]，2004.

[3] 王冬青 . 中国中山公园特色研究 [D]. 北京：北京林业大学，2009.

19　中国近现代园林中的经营性私园

郭晓波　王　宇　孙　萌

进入近代以来，西学东渐，西方文化传入带来的影响是多方面的，园林也不例外。鸦片战争后，清政府签订种种不平等条约，导致上海、广州、厦门等城市作为通商口岸，正式开埠。随着租界内人口的激增和商贾的云集，城市基础建设发展迅速，西洋煤气灯、电灯等先进的照明设备的普及，人们的生活作息也逐渐由“日出而作，日落而息”转化成休息日可以尽情放松身心的生活状态。与此同时，华人的经济水平有所提高，满足让人们休闲娱乐的场所应运而生。西方公园这种全新的城市公共娱乐空间模式影响了传统私家园林的外貌和存在形式。开放的场所，更大范围人员的参与，以营利为目的的私园出现，满足城市娱乐生活的需要，由此短时期出现了经营性私园。

19.1　经营性私园的概念

经营性私园是特殊时期出现的特殊园林类型。中国传统的园林一般为私人所有，不对普通民众开放，日常只允许园主人的客人入内游览，因此其服务对象可以说是特定群体。而公园作为城市中面向更大范围服务对象的重要公共空间，是作为近代城市文明的一种象征而出现的。上海、天津等城市开埠后逐步转型成为国内较早具有现代意义的大都市，其中的租界园林作为新兴事物开阔了市民的眼界，但由于其数量较少且自身管理模式等方面存在局限性，并不能满足普通市民的游览需求，在这种特殊历史背景与社会环境下，一些具有超前意识的人士，开始利用自身的条件寻求改变，由此城市中出现了一种独特的园林——公用私园，它们对一般公众售票开放，但它们建设的主体和产权属私人所有，是以营利为目的的，其中有很多服务项目和服务设施，这是不同于一般私家园林的。对于广大民众来说，这类私园的公共性远高于一些名为“公园”的公共空间，由此这些私园实际上扮演了公园的角色，成为不是公园的“公园”，这就是所谓的经营性私园，也叫营业性私园。

19.2 经营性私园的发展

清光绪八年（1882 年），上海的一些商人以股份公司的形式集资建造了兼具公园、游乐场、餐饮等多种功能于一体的申园。该园以中上层人士为主要服务对象，开放不久即门庭若市，获利颇丰，于是群相效仿。在此后的十多年中，以张园、徐园、愚园为代表，经营性私园进入其鼎盛时期。这些经营性私园不仅花木扶疏，山水相映，楼堂耸立，更吸引人的是其餐饮、游乐，餐饮、游乐服务项目之多，设施之完备和先进，都达到了当时的高水准。上海的营业性摄影、放映幻灯及电影、上演西方马戏等都始于经营性私园，清末民初兴起的综合性游乐场与这些经营性私园也有一定的渊源关系。各地都出现了很多有名的经营性私园，如上海的申园与愚园、张园（味莼园）、半淞园、叶家花园等，武汉的刘园、琴园和万松园等，这其中有利用自家原有的私家园林改造后收费开放，也有新建的面向公众收费的私家园林。随着社会的发展和经营者或者园主人经营理念的转变，经营性私园逐渐成为城市中观光、游览和开展文化活动的中心，集中展示了转变期城市的现代化与多彩魅力，比如很多经营性私园内既有茶馆、饭店，也有剧院、书场、展览馆，还有体育场、游乐场、照相馆等，几乎可以满足市民的各种需求。

19.2.1 上海申园与愚园

清光绪八年（1882 年），一些商人以股份公司的形式集资建造了兼具公园、游乐场、餐饮等多种功能的申园。约在清光绪八年（1882 年），原公一马房业主以集资方式组建申园公司，以此地原有的一座西式花园别墅为基础扩建而成，共耗银 1.6 万两，当年竣工并对外开放。初期因是首家独创，营业颇佳，但很快就受到徐园、张园、西园的挑战。愚园建成后，申园的营业更是每况愈下，同年八月转租他人，翌年正月再次开业，但终难逆转，至光绪十九年（1893 年）八月将家具、器物悉数拍卖。申园为中西合璧式小型园林，清人黄式权在《淞南梦影录》中赞誉该园是“画栋珠帘，朝飞暮卷。其楼阁之宏敞，陈设之精良，莫有过于此者”。园内花树环抱，极显幽静。主建筑为西式两层楼，为园内餐饮、游乐的主要场所。园东一组仿古建筑，前临荷池，堂榭内门窗及桌椅几案均以上等木料精雕细刻。该园以中高收入人士为主要服务对象，开放不久即门庭若市，获利颇丰，于是群相效仿。

愚园原址位于静安寺路（今南京西路）北，赫德路（今常德路）西，愚园路因而得名。清光绪十四年（1888 年），宁波张姓富商在此建园，光绪十六年（1890 年）又购得相邻的原西园园地，全园面积增至 33.5 亩（2.23 万平方米），同年对外开放。开园初期营业状况尚好，后因该园离闹市较远，与徐园、张园相比特色又较少，游人量渐减。光绪二十四年拍卖后易主，次年三月改名为和记愚园复开，其后数度停业。愚园为中西合璧式园林，门前有一片半月形草地，园内分东西两处，园的四周是曲廊。东部为亭台池榭，台榭间以敦雅堂周围景色最为幽美，高大的礼堂可容纳五六百人，堂前有水池，池周围小桥幽径将倚春轩、花神阁、鸳鸯厂等景点连接在一起。西部为花圃，有玻璃暖房、草畦、豢养的鸟兽等。

19.2.2 上海味莼园（张园）

无锡人张鸿禄（字叔和）购得洋商格农的花园住宅，并扩充地亩，改建为园林，取晋代张翰“秋风起，思莼鲈”的典故取名“味莼园”，当地人习惯上称之为“张园”，位于麦特赫司脱路（今泰兴路）南端。张园于光绪十一年三月初三（1885 年 4 月 17 日）起，对外开放，门票银元一角。园地初时占地 20 余亩，逐渐拓展至 70 余亩，为当时上海私家园林之最。张园不仅面积广阔，园林布置也极具特色。在园东南有人工开挖的带状曲池，通过敷设在地下的管子和园外小河相连，池中活水萦绕，岸边栽植垂柳。池中有小岛一座，岛上遍植松竹，水系之上有多座小桥，都是请名人题名，如“纳履”“卧柳”“龙钓”“知星”“三影”等。园内还雇用花匠栽培许多名花佳卉，春兰秋菊，夏荷冬梅，四时景观不断。园路两侧栽植树木，既可遮阳，又可避雨。园东西各有荷花池，盛夏时节荷叶田田，莲花朵朵，美不胜收。园西北有花房几处，都用琉璃瓦覆盖，其中培养各种国外引进的奇花异草，可供售卖。园西南角建有假山，假山顶有一幢全木结构的日式板屋，房屋的窗棂均糊用东洋纸，看上去洁白明净。室内草席铺地，凡有客到均脱鞋在户外，入室后席地而坐。因在假山之顶，可登高望远，风景绝佳。此外，园内还有茅亭、双桥、花蹊等小景。随着园林不断扩大，为丰富园中的娱乐设施，园主人在园西南又兴建了一幢洋楼，原有一座层林环抱的旧式洋楼，名曰“碧云深处”，新建洋楼名为“海天胜处”，是沪上有名的戏剧舞台，游园旺季几乎每晚都有演出。真正使张园闻名遐迩、门庭若市的，是 1893 年竣工的安垲第（Arcadia Hall），意为世外桃源，与“味莼园”意思相通，中文名则取其谐音“安垲第”，有时也写作“安恺第”。楼内各景以英文命名，有高览台、佛蓝亭、朴处阁等。安垲第为当时上海最高大的西式楼厅，整幢楼分上下二层，当中为大厅，楼上下可容纳千余人。在二楼西北角上建一敞开式望楼，登高远望可一览全园景色。清末民初上海民间政治集会大多在此举行，平时则作为餐饮、游乐之处。除了这些亭台楼阁外，安垲第门前还有一片广阔的大草坪，可容纳数千人，是举行室外大型群众性集会的最佳场所。当时凡来上海者，必登顶安恺第，鸟瞰上海滩。张园也由此步入鼎盛时期，每日车马盈门、裙屐满座，三教九流、五行八作之人皆前来捧场。1903 年，张园租给洋商经营后，还添置了一些新的游乐设施，凡是当时流行的弹子房、抛球场、溜冰场、舞厅

等流行事物，张园内可谓是应有尽有（图 1）。

图 1 上海张园

19.2.3 上海半淞园

位于上海市高昌庙路（今高雄路）西段，此地原有一处沈家花园，1917 年，园主沈志贤与姚伯鸿商定以沈园为基础，共同斥资扩建为经营性私园，面积共 60 余亩，于次年园林建成，园名取自杜甫《戏题王宰画山水图歌》“剪取吴淞半江水”句意，命名为“半淞园”。半淞园整体风格为传统园林风格，园内水域面积占花园总面积近一半，园南北呈葫芦形，北面园门似葫芦口，二道门后为葫芦身。园内假山高耸，水面广阔，楼阁连绵，花树繁盛，园中有听潮楼、留月台、鉴影亭、迎帆阁、江上草堂、群芳圃、又一村、水风亭等景观，长廊曲折环水，顶部有紫藤，四壁遍嵌玻璃板所印之《快雪堂书帖》。江上草堂为全园主建筑，位于园中部偏南，周围浓荫四合，高大宽敞，陈设华丽，四壁遍挂名人书画。草堂平时为品茗处，花展时则辟作主要展地，民间聚会亦大多在此举行。半淞园作为经营性私园扩建开放后，成为上海主要的公共活动场地，门票为银元 2 角，儿童及仆从的门票则为半价。半淞园的餐饮、游乐内容较为丰富，与徐、张、愚等园相比也毫不逊色。该园经营者善于利用园地面积较广，园内山水相依、楼阁错落、树密花繁的特点，不断推出饶有趣味的游乐项目，由此吸引了大量游人前来。1937 年，日军空袭上海南火车站，毗邻南站的半淞园也遭战火焚毁，此后并未重建。

19.2.4 武汉琴园

园主人名任桐，字琴父，自号“沙湖居士”，建造私家园林取名以“琴”为园，兴建于 1917 年春。园林长 200 米，宽约 160 米，占地四五十亩，东界秦园路，南靠军区 337 仓库，北至老岸，西临胡家路。琴园不论是造园规模还是景色的意境均已达到一定的高度。园中更充分地展现了古典园林的障景、漏景等手法，充分运用地形在景观营造中的作用，对植物的利用亦十分成熟。此园后来对公众有偿开放，后毁于 1931 年大水。琴园是武汉近代城市建设中的第一座城中园林，虽然存续时间不长，但开启了沙湖建设的文化渊源，对今天沙湖文化建设具有重要意义（图 2）。

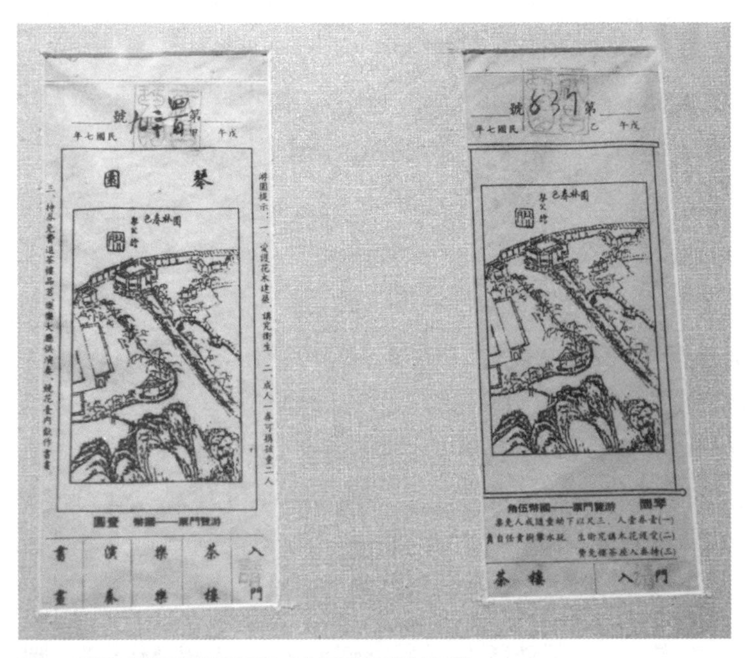

图 2　民国时期武汉琴园门票（中国园林博物馆藏）

19.3 经营性私园的特点

公园作为一种新生事物，其突出表现是休闲活动空间、社会活动空间、政治活动空间的重合，由此带来了人们思想认识和生活方式的转变，这种全新的城市公共娱乐空间模式影响了传统私园的活动理念和活动样式。作为应运而生的大众休闲娱乐空间，经营性私园本质上是一种典型的公园，其产生与近代中国社会的剧烈变动密切相关，而它的包容与开放的特点又为广大华人群体的活动提供了广阔空间与舞台；它所承担的社会功能及其社会影响也远远超越了普通私家园林所具有的功能与作用，而与社会变迁、政权鼎革紧密地联系在了一起。经营性私园从其独特的发展道路上看，在中国园林的近现代转折期有其重要意义，也具有鲜明的时代特征。

服务人群：传统私家园林主要为园主人，为私人所用。每逢佳节或者花会，也会有部分私家园林在特定时间开放，但是参与者一般为园主人的亲戚或朋友，几乎都是文人、贵族或官僚等，一般百姓没法入园。而经营性私园的服务人群为公众，无论男女老少都可以入园参观。

造园风格改变：经营性私园也对传统园林多加继承，传统的楼阁、亭台、水榭等建筑形式都沿袭了下来，从总体上说大部分的风格是中国古典式的，但是也有很多西方式的建筑和景观元素。经营性私园还学习西方的植物种植方式，并增加了饲养动物的景点。

园林建筑营造：场所的开放性和活动的公共性的理念及具体处理手法被引入了经营性私园中。在园林建筑营造上，有别于传统私园建筑有法而无式、迂回曲折、参差错落的灵动机变，经营性私园因集会功能与游艺功能的需要，一反传统亭台楼阁唱主角的建筑布局，将大体量的西式建筑物引入园内，成为点睛之笔。开敞的活动场地和大型的建筑构筑物打破了玲珑幽闭的内向型园林空间布局，使之呈现出中西杂糅的格局。经营性私园与传统私家园林一个最大的不同还表现在主体建筑的设计上，一般有一个主体建筑，该建筑多为西式，往往建得比较高大。如上海张园建造的安垲第位于园子中央，是当时上海最为高大的西式建筑，楼高两层，中间是大厅，楼上楼下可容纳千余人。

19.4 经营性私园的功能与意义

私家园林的开放既迎合了市民逐渐形成的公共娱乐观，也兼有商业盈利的考虑。低廉的入园游资、灵活的价位使消费虽有高下之分而无尊卑之别，各阶层市民可以量入为出，于闲暇时入园一游，真正享受到公共娱乐所带来的乐趣。随着市民休闲娱乐由昔日岁时佳节偶一为之，变为每周每天都能有的频繁出游，作为公共娱乐场所的经营性私园日趋诱导人们的闲暇生活摆脱以往局促的家居环境限制，突破封建尊卑等级的束缚，开始转向公共场所，尝试以市场消费为主导的近代城市生活方式，游园成为新生活运动的重要内容，可以说是改变了市民固有的生活习惯。

基本功能：相对于传统私家园林的消费者主要为园主人，经营性私园的服务对象则是广大的公众。无论男女老少，中国人还是外国人，无论是俗人还是文人都可以入园参观。经营性私园的出现，为市民提供了公共开放的绿色场所，其作用和价值已初具现代城市公园的环境功能，园林的营建不再只是为少数园主及其亲朋享受城市山林的自然气息而独有，更是成为供城市居民娱乐身心、稍弛脑困的理想去处，可谓“从繁华尘海中而忽得此清凉世界，宜人之乐于游憩也”。随着城市化的推进和社会文化的发展，经营性私园日渐成为了特殊时期都市生活中不可缺少的内容，与街头、里弄、商铺等公共场所一起日益融入市民的生活中，成为市民日常交往与沟通的重要平台。

商业活动：经营性私园的园主人身份由文人变为商人，他们更注重园林的实用价值，“经济”的概念已经渐渐凌驾于其他概念之上。为此，他们采取各种手段和方式吸引市民。为满足猎奇心态及都市生活的复杂性需求，动态性、参与性的娱乐活动功能开始在经营性私园内出现并逐步得到强化。经营性私园则由于其浓重的商业性，举办的活动非常丰富。园主人除了利用门票收费来创收外，还不忘在园

内开设茶点、酒馆、旅社等来吸引游客。经营性私园的园主人也经常开展花卉展销、赛马等活动，吸引各色人等。比起不准华人进入的外滩公园和平时不对外开放的传统私家园林，它的开放性显得弥足珍贵。

功能拓展：东西方文化的差异和租界的缝隙效应，使得经营性私园延伸出了集会演说等特殊功能。受到西方文化的影响，经营性私园内产生了一定言论自由的空气，园内也顺理成章地为一些革命志士提供了集会场所。集会作为经营性私园的一项重要内容，俨然成为社会各界的聚会场所。

经营性私园的所有权和经营权属于私人，在社会动荡的情况下，大多数的园林不可避免地遭遇了几经易主的命运，故经营性私园较之公园其规划和管理更具有不稳定性。而作为传统私家园林的近代嬗变，经营性私园呈现出明显的过渡形态，既有一定的现代特征，但也很难去除传统思想认识等方面的羁绊，因此注定只是昙花一现。随着政府主导新建公园或华人自建公园的逐渐增多，经营性私园这一明显带有过渡性质的园林形式终于完成了自身的使命，慢慢地消失于历史荡涤之中，让位于政府主导兴建的市政公园。

19.5 结语

通过梳理近现代经营性私园的兴衰更替历史，分析其演变表征下的历史文化碰撞。总体来说，在中国近现代历史时期社会环境的综合影响下，中西园林文化的相互交融和影响、园林发展变革内外因子的相互作用共同促成了中国近现代园林文化的演变，并最终形成以公园为主要形式的园林发展模式。经营性私园的出现虽然短暂，但在近现代园林的转型发展时期具有重要的意义，是由传统园林转型为公共园林的过渡形式，承上启下，为现代公园的发展奠定了重要基础。因此深刻理解近代园林发展的时代性与民族性，探索中国园林尤其是近现代园林发展自身的客观规律，探讨新形势下理想空间的追求过程，对我国当前及今后园林发展的探索无疑具有非常重要的指导和借鉴意义。

参考文献

[1] 朱均珍 . 中国近代园林史 [M]. 北京：中国建筑工业出版社，2012.

[2] 周向频，陈喆华 . 上海古典私家花园的近代嬗变——以晚清经营性私家花园为例 [J]. 城市规划学刊，2007（2）：87-92.

[3] 张繁文 . 清末上海经营性私园的特点及其兴建原因探析 [J]. 装饰，2011（4）：80-81.

20　中国古代园林与理想家园追求

张宝鑫

中国园林是历史最悠久、持续时间最长的风景园林体系，被誉为东方文明的有力象征。在对中国园林的发展过程进行总结和梳理基础上，分析了人类栖居理想与传统园林的相互关系。无论是在历史发展中逐步形成的皇家园林、私家园林，还是寺观园林、公共游憩园林等不同的类型，都是古人对理想栖居环境的追求与实践，其本质都是追求人与自然和谐共生的理想居所。理想家园追求对当前建设生态文明，在满足“人居，环境，理想”的生活需求等方面具有重要现实意义。

20.1　园林发展与人居理想

20.1.1　帝王苑囿与栖居理想

皇帝是古代封建社会的最高统治者，帝王常常在京城中或附近的山水之地营建园林，这种主要为皇帝及其家族服务的园林称为皇家园林，古代文献中也称苑囿。由于帝王在社会中的优势地位，皇家园林更好地反映了社会文化发展水平。古代的皇家园林一般规模宏大，充分利用天然山水风景的自然美，具有多样变化的园林景观，重视多姿多彩的建筑点缀。古代帝王的宫室，几乎都是城中之城，尤其远离自然，限于礼制，在皇城内只能规划出有限的自然空间，将宫室的功能构筑体现在自然山水之间，满足于最自然的追求，创造出在城中之城所不能进行游乐活动的条件，皇家园林的营建反映了帝王的理想追求，无论是避喧听政，还是颐养冲和，以恒莅政，都打上了帝王对理想居所不断追求的烙印。

公元前11世纪，西周都城城郊建成灵台、灵沼、灵囿，可供狩猎也可享乐，颇有怡情养性之功能。春秋时期，楚灵王主持修建大型皇家园林化离宫——章华台，反映了“高台榭、美宫室”的栖居理想。秦汉两代，皇家的离宫别馆与自然山水环境结合起来，弥山跨谷，以山水宫苑的形式出现了秦阿房宫和汉上林苑为代表的皇家园林中。此后历经魏晋南北朝时期和唐宋，皇家园林不断发展，追逐着帝王追求理想居住环境的脚步。元、明、清时期皇家园林的建设不但体现自身的生活习惯、文化背景与审美情趣，同时更多地融入皇帝心系国家、民族团结、国计民生等政治元素，如元代忽必烈亲耕田、清漪园耕织图、避暑山庄外八庙以及众多的敕建寺观等。至清代，帝王“园居成例，避喧听政”，尽情营造享用着这个旷世的梦境。皇家御园不仅是帝王们休闲玩乐的胜地，也成为王朝统治的中心(图1)。

20.1.2 寺观园林与宗教理想

古代印度僧众聚居的地方称为僧伽蓝摩。东汉时建白马寺，佛教传入中国，即改变了早期印度佛僧不事农桑、栖居窟龛的生活环境。魏晋南北朝时期佛教盛行，佛寺大量出现，由于信仰与修行环境的需要，逐渐形成了自成一体的园林体系。隋唐时期佛教兴盛，形成了“天下名山僧占多”的局面，促进了山岳风景区的形成与发展。唐宪宗年间（806—820年），江西洪州百丈怀海禅师创制禅寺丛林制度，其中的禅堂制度及“虚静”等禅定中的环境空间要求，使得寺院建设开始追求佛寺的园林化和清净化，以及“城市山林”的境界。宋代以后，佛寺园林的文人化和世俗化，提升了园林对于佛寺的重要属性。佛家所描绘的极乐世界有花木、流水、莲花、高大无比的菩提树和殿宇、讲堂、居处，本质上就是一种理想人居环境，宣扬众生通过修持可以达到这种理想境界。

图1　清·冷枚《承德避暑山庄图》（故宫博物院藏）

道教产生于东汉时期，教义核心是“道”，宣传得道成仙，认为天道无为、主张道法自然，社会意义是塑造治世教化空间，美育人性，自我解脱人世烦恼和苦难。道观园林的产生由道教教义和实践的需要而形成，修行、炼丹、研经和成仙等有环境神秘化的要求。早期的道士栖于岩穴，游于山林，之后的宫观选址，以神仙洞天为依据。根据道教典籍，世人通过修炼可成为神仙，神仙各有其神通，其居住地就是人们向往的美丽仙境，如果环境不好就不会吸引信众，但仙境毕竟是虚幻的，无法直观感受，而存在于自然山川中的道观是信徒能够直接接触的地方，宫观的优美自然环境能够带来视觉的冲击和心灵的感悟，因此在营造宫观时最大限度地利用大自然的空间，力争符合风景审美理念，营造出一方理想的修行场所。

20.1.3 士人园林与文人理想

私家园林产生于西汉时期，这一时期贵族、官僚、庄园主等积累了大量财富，开始营建私家园林，并已见诸文献记载。魏晋时期，社会动荡但是文化繁荣发展，名流隐士通过寄情山水，享受山水之乐，成为精神生活的重要内容，出现了名流隐士营造的田园山居风格。唐宋时期，文人参与造园蔚然成风，私家造园被赋予了更多的诗画情趣，文人园林兴盛，出现了唐王维“辋川别业”、北宋司马光“独乐园”等为代表的园林作品（图 2）。明清时期，受南北文化交流的影响，私家园林形成江南、岭南、闽南、川蜀、北方以及少数民族等地方风格繁荣并峙的局面。不同时期的私家园林，在环境营造方面更多地体现地域文化，同时其实用功能与精神功能更为统一，文人士大夫等社会阶层依园而居，挥毫泼墨、作赋吟诗、歌舞观戏、禊赏雅集，形成了独具特色的园居文化。

图 2　明·仇英《独乐园图》局部（美国大都会艺术馆藏）

中国古代私家园林的典型代表是士人园林，居住环境是古代士大夫文化艺术活动最重要的场所，核心是士大夫独立人格精神情趣的追求，在雅好山水的共鸣中能得到强化。士大夫通过造园实现自己人格的完善，在一个完备的士大夫文化体系中，士大夫的心性可以得到最充分的净化和升华，仕途失意者只有在园林中才能体会到自己阶层处于理想的和谐宇宙境界。三国时期应璩《与从弟君苗君胄书》“逍遥陂塘之上，吟咏菀柳之下，结春芳以崇佩，折若华以翳日。弋下高云之鸟，饵出深渊之鱼……何其乐哉。虽仲尼忘味于虞韶，楚人流遁于京台，无以过也”，可以看出作者理想的生活，山水之间的悠然逸致，能超然于孔夫子和楚国千乘之君。唐代孟郊“崆峒非凡乡，蓬瀛在仙籍。无言从尚远，还思君子识”，唐代皇甫冉“世事徒乱纷，吾心方浩荡。唯将山与水，处处谐真赏”，可以看出，自然和山水园林在士人生活和人生价值里有了全新的意义，这些观点也反映在后世文人营造的园居环境中。明代程羽文《清闲供》或许表达了文人的理想园居生活：“门内有径，径欲曲。径转有屏，屏欲小。屏进有栏，栏欲平。栏畔有花，花欲鲜。花外有墙，墙欲低。墙内有松，松欲古。松底有石，石欲怪。石面有亭，亭欲朴。亭后有竹，竹欲滴。竹尽有室，室欲幽。室旁有路，路欲分。路合有桥，桥欲危。桥边有树，树欲高。树阴有草，草欲青。草上有渠，渠欲细。渠引有泉，泉欲瀑。泉去有山，山欲深。山下有屋，屋欲方。屋角有圃，圃欲宽。圃中有鹤，鹤欲舞。鹤报有客，客不俗。客至有酒，酒欲不却。酒行有醉，醉欲不归。”

20.2 理想家园内涵与园居传统

20.2.1 理想家园的概念阐释

理想是指对某种事物臻于最完善境界的观念，存在于人的意识之中。在认识和改造世界的实践活动中，人们既追求眼前的生活目标，希望满足当前的物质和精神需求，又憧憬未来的生活目标，企盼满足未来的物质和精神需求。对现状的不满足和对未来的不懈追求，是理想形成的动力源泉。因此，理想是在实践中形成的、对未来社会和自身发展的向往与追求，是人们世界观、人生观和价值观在奋斗目标上的重要体现。

家园一般指家中的庭园，也可指家乡或家庭，《后汉书·桓荣传》："（桓荣）贫窭无资，常客佣以自给，精力不倦，十五年不窥家园。"家园也指自家园林，西晋潘岳《橘赋》："故成都美其家园，江陵重其千树。"从词义上来看，家园与人们的居住和生活环境关系密切相关，是人们生活和居住的空间环境，也存在于人们的意识中。

以居住者自身的判断来说，理想家园是一种自己喜欢追求、乐于其中的生活空间。因此要最大限度地满足居住的需要。首先要满足物质方面的需求，包括居住的本体和环境，要有优美的内部和外部环境，有舒适的内部和外部空间，要有充分且必要的基础设施和附属设施，有青山绿水等；其次要满足精神层面的需求，主要是包括意念、文化、传统等相关内容，有世界观、价值观及理想观等表达欲望的内在因素，要有得到满足的感觉，居于其中心情要舒畅，内心充实，能形成"采菊东篱下，悠然见南山"等志趣。

20.2.2 园林的理想家园特质

从中国古典园林的发展可以看出，中国园林历史悠久，成为传统文化的重要组成部分。古人造园"外师造化，中得心源"，追求"虽由人作，宛自天开"的艺术境界，追求实现内心的理想境界，追求富于诗画情趣和意境的蕴涵，展现的是居住环境的一种更为复杂和高端的形式。古人造园强调人与天调，突出人与自然的和谐，因此，园居本质上是回归自然的一种理想生活模式。

园林可游、可居、可赏。一般来说，游是游山玩水，观赏风景，居就是日常的生活起居，这两者是存在矛盾的，要游就得离开居住的环境，要讲究起居生活的舒适，就得牺牲山水林泉的享受，通过园林艺术的处理，这两个本来矛盾的双方辩证地统一起来了，因而是一种理想居所。园居生活同时满足了物质和精神两个层面的需求，因而成

为历代所追求的理想居住环境。古典园林承载了人们对理想栖居环境的追求，园林的产生发展历史就是人类追求理想家园的历史，无论是皇家园林移天缩地在君怀，还是私家园林咫尺山林壶中天地，其本质都是追求人与自然和谐共生的理想人居环境。

20.2.3 隐逸文化与诗意栖居

隐逸文化的目的在于满足士大夫相对独立的社会理想、人格价值、生活内容、审美情趣等方面追求。隐逸文化发展初期集中在出与处，仕与隐的矛盾。对中国古代的士大夫来说，出与处是人生重要的问题，出即入仕，处即不仕，不仕称为隐逸。作为不仕的代表人物，东汉仲长统“使居有良田广宅，背山临流，构池环匝，竹木周布，场圃筑前，果园树后”，表达了一种居住理想。“竹林七贤”是魏晋之际隐逸文化的代表，他们在游赏园林山水中逍遥无碍，俯仰自得，但实际上也并没有达到超脱矛盾的那种境界，最终“竹林七贤”以嵇康被司马氏戮于东市而结束。唐末贯休在《山居诗二十四首》中，评论阮籍“车迹所穷，辄恸哭而反”的命运后，为自己能居于精美而完备的园林中而免遭此苦得意，“石垆金鼎红蕖嫩，香阁茶棚绿巘齐。坞烧崩腾奔涧鼠，岩花狼藉斗山鸡。蒙庄环外知音少，阮籍途穷旨趣低。应有世人来觅我，水重山叠几层迷”。可见，园林既是士大夫隐逸的基本条件，也是隐逸文化全面发展的基础，没有士大夫阶层对自己相对独立地位的追求，园林的发展就失去了基本的动因。

人们居住在园林中，利用诗歌、绘画等记载、描绘，逐渐上升为生活艺术化的境界，从精神层面得到了升华，后人在此基础上继续丰富完善，不断重复这个居住环境升华的过程。文人雅士构园相沿成习，以诗情画意为追求目标，通过楹联匾额、名人园记等外在形式，艺术的生活无处不在，使中国园林笼罩着文学的光辉，成为居住环境营造的艺术典范，其文化艺术价值是取之不尽的宝库。园林文化既是生活方式，又是精神载体，两者互相渗透，表现出社会文明的高低程度。正如近代文学家林语堂所言“艺术和生活融为一体，达到了中国文化的顶峰——生活的艺术，这也是人类智慧的最终目的”。

20.2.4 壶中天地与世外桃源

中国古代园林在咫尺之地再造乾坤，“以小见大、涵蕴天地”历来是中国人的精神追求，也成为造园中的造景手法，体现了“壶中天地”的重要思想。“壶天”源于东汉费长房典故，后来成为仙境的代称。人们对“壶天”境界的追求，使宅园和庭园园林艺术走向精致。拳石勺水，融入其间，一石可代一山，盆池可代江湖。景物体系的完备是中国古代园林创造极为丰富而又富于变换之艺术境界的物质基础，后期园林中的“壶中天地”体现了这种景物齐备的内涵。宇宙间最美好、最精雅的境界就在自己的数亩小园中，就在自己书画鼎彝环列的轩斋之中，这就是壶天给人们精神世界指出的理想出路。

东晋陶渊明《桃花源记》描写了一个美好的世外桃源，其中的人“不知有汉，无论魏晋”，过着与世无争、宁静的生活。由此，桃花源成了农耕社会人们的理想之境（图 3），也成为传统造园中重要的人居理想，为后世的园林营造提供了一个明确的范式。宋代绍定年间，陆大猷筑园名为“桃花源”。此后，以桃源立意造园或景观题名者更是屡见不鲜。明代王心一用陶渊明的诗命名其苏州私园“归园田居”，并以《桃花源记》为设计蓝图。

20.2.5 从城市化角度看园居理想

城市是人类文明的重要组成部分，是随着人类社会发展出现的，是人类走向成熟和文明的标志，古代园林的产生应该与城市化的进程相关，可以说是城市化的产物。当一部分人在城市中生活，割裂了与自然的关系，相对密集的建筑空间，嘈杂喧闹的环境，全然失去城外自然的野趣，有条件的城市居住者，在居住环境周围不断地引进自然元素，恢复建立起与自然的联系，小到树木花草的引种，大到自然山水的模拟，进而亭台楼阁的点缀，由此衍生了园林。另外一种情况是，居住在城市中的人们，选择风景优美的郊区，以理想的居住条件和方式，营造了另外一种生活场所，古代称之为别业。

图3　明·仇英《桃源仙境图》（天津博物馆藏）

穴居—树居—聚落—城市，人们的居住环境经历了一个“反自然”的过程，逐渐离开自然环境，通过建造园林能够回归自然，但纯自然的环境也非理想人居选择，因此在城市化和追求自然环境方面寻求平衡点，是体现人与自然和谐的重要途径。从人类居住环境的演进和园林形成发展的整个过程看，园林的产生和发展契合了人与自然协调的关系，对城市化发展到今天在城市环境建设中强调理想家园的目标具有重要意义。

20.2.6 传统园林中理想家园意识的现实意义

清末至民国时期古代园林终结，中国园林的历史发展走进新的转折时期。在承袭古代园林优秀传统的基础上，进入了以公园建设为标志的新阶段。中华人民共和国成立后，以服务民生为目标，在传统园林保护、城市绿地建设、公园建设与管理、风景名胜区等方面进行了探索，传承自中国古典园林的现代园林绿化以服务民生为根本宗旨，以建设和优化人居环境为最终目标，已经成为城市中唯一具有生命的基础设施。

中国传统园林艺术水平精湛，文化底蕴深厚，但在当前传统园林文化内涵和本质等方面研究和思考相对较少，使传统园林的社会认知水平相对较低。其实古代园林为我们提供了和谐的营造理念、高超的艺术水准、优秀的人居范例，我们应加强传统园林价值、园林文化内涵等方面研究，厘清传统园林在理想家园方面的重要意义和价值，围绕理想家园追求和建设目标，将传统园林的精髓更好地体现在现代城市环境建设中，使得城市更好地回归自然。

20.3 结语

园林起源于人类对理想居住环境的追求，随着人类栖居理想的发展而不断地发展演变，承载了先民对理想栖居环境的不懈追求。如果没有对理想居住环境的不断追求，就不会产生园林。园林介于自然和人工之间，契合了人们对理想居住空间的营造需求，代表了一种与自

然和谐的生活模式。在当前城市建设中如何适应“人居、环境、理想”的现代生活需求，是园林文化研究的新课题。园林作为现代城市居住环境中的重要空间，是城市生活必不可少的内容，强调园林的理想家园特质将延续人们对理想居住环境的不断追求。在当前城市化发展的背景下，探讨传统园林理想家园内涵，能够更加深入地了解中国传统园林的文化价值，提高对中国传统园林文化的认识，有利于在“美丽中国”战略背景下建立起更加宜居和谐的城乡一体生态环境，同时对建设和谐宜居城市和提高中华民族文化自信等方面具有重要意义。

参考文献

[1] 王毅 . 中国园林文化史 [M]. 2 版 . 上海：上海人民出版社，2014.

[2] 周维权 . 中国古典园林史 [M]. 北京：清华大学出版社，2008.

[3] 汪菊渊 . 中国古代园林史 [M]. 北京：中国建筑工业出版社，2010.

[4] 耿刘同 . 御苑漫步——皇家园林的情趣 [M]. 北京：中国国际广播出版社，2013.

[5] 铁铮 . 构建人类最理想的家园——访北京林业大学园林学院院长李雄教授 [J]. 中国林业，2011（15）：22-23.

[6] 陈从周 . 中国园林鉴赏辞典 [M]. 上海：华东师范大学出版社，2001.

[7] 王铎 . 中国古代苑园与文化 [M]. 武汉：湖北教育出版社，2003.

CHANGSHU TRADITIONAL
ARCHITECTURE & LANDSCAPING
CO., LTD.

匠心营造　传承创新

常熟古建园林股份有限公司成立于1983年，2017年2月20日，经全国股转公司同意，本公司股票进入全国股转系统（新三板）挂牌公开转让，证券简称：常熟古建，证券代码：870970。公司具有以下资质：建筑工程施工总承包一级、古建筑工程专业承包一级、城市园林绿化施工一级、风景园林工程设计专项甲级、文物保护工程施工一级、文物保护工程勘察设计乙级、建筑机电安装工程专业承包二级、建筑装饰装修工程设计与施工二级、消防设施工程专业承包二级、电子与智能化工程专业承包二级、市政公用工程施工总承包三级。

三十多年来，常熟古建园林股份有限公司凭借精湛的施工技艺，丰富的实践经验，优质工程项目遍布全国各省（除西藏、青海、新疆、宁夏、台湾以外）以及美国、英国、德国、日本、澳大利亚、斯里兰卡、赤道几内亚、乌干达等多个国家，获得广泛好评。南昌滕王阁重建工程获得国家『鲁班奖』，多项工程获得江苏省『扬子杯』和苏州市『姑苏杯』优质工程奖。同时，也在省外获得了多项荣誉。自2014年以来，公司共有31项发明及实用新型专利获得了国家知识产权局颁发的专利证书。

公司注重传统技艺的传承，建立了多个大师工作室，并成立古建技艺传承中心，公司的传统营造技艺被江苏省文化厅批准为第四批省级非物质文化遗产代表项目。

杭州西湖山庄

环南湖交通三圈旅游建设项目

烟台滨海广场

杭州园林微信公众平台

◎ 集投资、建设、运营为一体，拥有规划设计、生态建设、农业开发、旅游发展等业务板块

◎ 为住房城乡建设部认定的工程总承包企业，国家高新技术企业，国家林业重点龙头企业

◎ 拥有城市园林绿化壹级、市政工程施工总承包壹级、风景园林工程设计甲级及城乡立体绿化壹级、环境污染治理工程总承包甲级、环境污染防治工程专项设计甲级等十余项资质

◎ 获评质量奖、鲁班奖、园林大金奖等诸多荣誉

培育新技术　再创新辉煌

《筑苑》丛书

001 园林读本
002 藏式建筑
003 文人花园
004 广东围居
005 尘满疏窗——中国古代传统建筑文化拾碎
006 乡土聚落
007 福建客家楼阁
008 芙蓉遗珍——江阴市重点文物保护单位巡礼
009 田居市井——乡土聚落公共空间
010 云南园林
011 渭水秋风
012 水承杨韵——运河与扬州非遗拾趣
013 乡俗祠庙——乡土聚落民间信仰建筑
014 章贡聚居
015 理想家园